【苏州文化丛书】

苏州刺绣

林锡旦 著

苏州大学出版社

图书在版编目(CIP)数据

苏州刺绣/林锡旦著. —苏州: 苏州大学出版社,
2004.4(2021.2 重印)
(苏州文化丛书/高福民,高敏主编)
ISBN 978-7-81090-180-2

Ⅰ. 苏…　Ⅱ. 林…　Ⅲ. 刺绣－简介
Ⅳ. TS935.11

中国版本图书馆 CIP 数据核字(2003)第 098515 号

苏州刺绣　　林锡旦 著

责任编辑　王英志　　**责任校对**　刘　海

出版发行	苏州大学出版社 (苏州市十梓街 1 号　215006)
经　　销	江苏省新华书店
印　　刷	丹阳兴华印务有限公司 (丹阳市胡桥镇　212313)
开　　本	850mm×1 168mm　1/32
字　　数	253 千字
印　　张	10.875
版　　次	2004 年 4 月第 1 版　2021 年 2 月第 4 次印刷
印　　数	10501－11500 册
标准书号	ISBN 978-7-81090-180-2
定　　价	19.00 元

《苏州文化丛书》总序

梁 保 华

苏州的历史源远流长，建城二千五百多年以来，文化积淀十分深厚。在这块得天独厚而又美丽富饶的土地上，世世代代的苏州人在创造物质文明的同时，也创造了灿烂的吴地文化，并以其独树一帜的风格而在华夏文化史上占有着重要的位置。

苏州地灵水秀，人文荟萃。先辈们在这里留下了丰厚的文化遗产。其丰厚性体现在古城名镇、园林胜迹、街坊民居以至丝绸、刺绣、工艺珍品等丰富多彩的物化形态，体现在昆曲、苏剧、评弹、吴门画派等门类齐全的艺术形态，还体现在文化心理的成熟、文化氛围的浓重，等等。千百年来苏州人才辈出，如满天繁星，闪烁生辉。文化底蕴的厚重深邃和文化内涵的丰富博大，是苏州成为中华文苑艺林渊薮之区的重要原因。

面对这么丰厚的文化遗产，我们有理由

为此感到光荣与自豪，但不应当因之而自我陶醉。文化之生命力在于繁衍不绝、生生不息的传承和开拓，文化长河之内在生机在于奔腾不息、永不终止的流淌与前进。苏州的文化经久不衰，源于世世代代不息的继承和传播，在继承优秀传统的同时，又正是由于一代一代人的辛勤探索与不断创新，使苏州的文化日益根深叶茂，绚丽多彩。

我们处在一个伟大的时代，苏州人民正沿着建设有中国特色的社会主义道路阔步前进。我们的目标是，努力把苏州建设成为一个经济发达、科教先进、文化繁荣、生活富裕、社会文明的地区，成为二十一世纪新的“人间天堂”。社会主义现代化应该有繁荣的经济，也应该有繁荣的文化。文化的繁荣，渊源于悠久的历史，植根于今天的实践。全面、系统而深入地研究苏州文化资源开发与现代化建设之间的关系，这是我们社会主义文化建设的题中应有之义。历史赋予我们这一代人的一项任务，就是要认真总结、研究与继承优秀传统文化，充分挖掘苏州文化的丰富宝藏，博采八方精华，古为今用，推陈出新，更好地为社会主义现代化建设服务。

苏州市文化局和苏州大学出版社编辑出版一套《苏州文化丛书》，是苏州文化建设中一件很有意义的事情。有感于斯，写了以上的话，聊以为序。

1999 年夏

《苏州文化丛书》总序

陆 文 夫

苏州是个得天独厚的地方。得天独厚不完全是土地肥沃,气候温和,还在于它的文化积淀的深厚;地理的优势是得于天,文化的优势是得于人,天人合一形成了苏州这一座历史文化名城。

每一个地方都有它的历史与文化。历史是人类生活的轨迹,文化是人类精神的产品,产品有多有少,有高有低,从一个地区的总体上来看,人们拥有精神产品的多少与高低与人的素质是密不可分的。

我不敢说苏州是全国文化最发达的地区,也不敢说苏州的伟人和名家就比其他的地区多,但是有一点要感谢我们的祖先和时代的先驱,是他们全方位地发展了苏州的文化,使得苏州文化的综合实力在全国占有优势。一个国家的强大与否,要看它的综合国力,一个地区的文化是否昌盛,也要看它的综合实力。苏州文化的优势是在于它的综合实力强大，文化门类比较齐全，从古到今一脉相承，只有发展，没有中断，使得每一个文化的门类都有一定的成就。

苏州园林已经列入了世界文化遗产，这仅仅是苏州文化的一个侧面，即使从这一个侧面来看，就能看出造园艺术的登峰造极需要多少文化精品的汇合，诸如建筑、绘画、雕刻、堆山叠石、花木盆景、诗词楹联、家具陈设……每一项都是苏州文化的一个门类，都能写几部书。

苏州市文化局与苏州大学出版社推出一套《苏州文化丛书》，囊括了苏州的戏剧、绘画、园林、街坊、名人、名胜、民俗、考古、工艺……向世人展示苏州文化的综合实力，用以提高苏州人的文化素养，提高人的素质，用以吸引与沟通五湖四海的朋友。文化的沟通是一种心灵的沟通，具有一种强大的凝聚力，谁都知道，一个民族的凝聚力主要来自于其民族文化，一个地区的吸引力和凝聚力恐怕也是如此。

1999年7月21日

目　录

引　言

冠戴服饰特别繁缛华美，乃古华夏文明之一大特色。《左传》定公十年疏云："中国有礼仪之大，故称夏，有服章之美，谓之华。"而"黄帝、尧、舜垂衣裳而天下治"（《易经·系辞下》），是以刺绣之研究，义莫大焉。

刺绣，本是在织物上穿针引线构成图案色彩之手工技艺，为物质文明和精神文明之产物。当其始，即贵为帝皇祭祀天地所穿之礼服，为"日、月、星辰、山、龙、华虫作绘，宗彝、藻、火、粉米、黼、黻絺绣以五彩"十二章衮服，直至袁世凯复辟，仍着十二章天子服企求正名。汉代曾派绣衣御史"衣绣衣，杖斧，分部逐捕，刺史以下皆伏诛"，赫然权力之象征。明、清官员品级补服，以绣不同图像为不同身份地位之标志。剧装戏衣业有"宁穿破，不穿错"之行话。绣服，封建之标识明矣。

刺绣在朝廷为宫货绣，在富庶人家为闺阁绣，在民间为日用绣，明清在市场上流通为商品绣。绣品有册页、屏条之画幅绣；有寺院绣幡、绣佛像、绣经文、绣经袱之宗教绣；有历朝历代之各类日常生活用品绣，包括绣枕、绣被、绣帐幔，绣帘、绣帕、绣肚兜，绣巾、绣鞋、绣佩饰；还有绣旗、绣伞、绣剧装。绣品，用途之广识矣。

《释名》曰：绣，修也，文修然。绣，从“丝”旁，近“修”音，是通过丝绒或丝线在布帛上使图文修饰完美的一种工艺过程。用彩色丝线、绒线、棉线或金银线、头发丝，在绸缎、布帛等织物或化纤原料上，凭藉针的穿刺运动，构成花纹、图案、文字或物像，称之谓“刺绣”或“绣花”，在古代也称“针黹”、“针指”或“女工”，女工亦作“女功”、“女红”。

刺绣，乃总五色而极思，藉罗纨而发想，具万物之有状，尽众化之为形。有的直言织绣品，有的则成为秀美的修饰词，曹子建七步成章，被称为“绣虎雕龙才子笔”，比喻才美；“锦心绣口”，形容文思优美，词藻华丽；锦绣河山、锦绣前程，谓美好如画之事物。刺绣是一种艺术，而刺绣艺术之美，早已超出了原来的涵义。

刺绣而称苏绣、粤绣、湘绣、蜀绣，自有其天时地利人和诸因素；而苏绣为“四大名绣”之冠，更有其历史因缘。我国擅长中国画，而西方流行油画；北京有景泰蓝，而无锡以泥人著称；盛唐有敦煌石窟，而宋代有精细瓷器；殷代张雉尾扇，汉唐盛绢宫扇，而宋明以来兴折扇。物之兴衰盛亡，岂有定数，主客观条件不同而已。

读者可以更多地从社会人文的角度，进入苏绣的艺术世界游弋；从苏州刺绣一针一线的形成过程中，再次感受吴文化的博大精深。是以引言数语，莫视苏绣为小道也。

描龙绣凤岂无因

龙凤，为中国最古老传说中的神物，与龟麟同为“四灵”。在一些史料笔记中，龙成了帝皇的象征，如汉高祖刘邦的出生，是其母梦龙盘其上而有身孕，刘邦由此传为龙胎龙子，神化为真龙天子。与龙相对的是凤，成为女性中的最高象征，皇后冠饰为凤冠。龙凤呈祥是民间的一种祝愿。人之英俊非凡被形容为龙眉凤目、龙章凤姿。但是在现实生活中并没有人看到过龙凤，所见到的，只是画家笔下的龙姿凤仪，只是女红绣出的龙飞凤舞。尤其是刺绣，描龙绣凤，为人们展现出各式各样、多姿多态、色彩缤纷的龙凤图像。人们多半是通过这类图像才看到了龙凤，认识了龙凤的形象。

世间任何事物都是在一定社会条件下才产生和形成的，具有中国特色的描龙绣凤自有其产生和发展的历史渊源。

一、远古文明始艺工

在我国民间,到处都有描龙绣凤的习俗。这是中国一大特色,而且由来已久,源远流长。

根据1988年江苏美术出版社出版的《中国工艺美术大辞典》第493页所引,“妇好墓出土绣迹”条:“商代刺绣印迹。在河南安阳殷墟妇好墓出土的铜觯上,粘附有菱形绣的残迹,其绣纹组织结构,为锁绣针法。”这是迄今为止所发现的历史上最早的出土刺绣实物记载。1975年,在陕西宝鸡发掘的两座西周前期奴隶殉葬出土文物中,发现附于倪室泥土上丝织物的刺绣印痕,可以观察到采用的是辫子股绣(与锁绣同)的针法。依稀的绣迹、印痕,却清楚地告诉我们,刺绣确实在商周时期就产生了。

1958年,在湖北江陵马山砖厂战国一号墓中,出土了绣衣、绣衾、绣袍、绣裤,刺绣花纹即有龙、凤。蟠曲的龙和飞舞的凤,穿插自然,线条流畅,充分体现了最初的龙凤绣艺术。传说夏禹是龙的后裔,而帮助大禹治水有功的殷契是凤的后裔。由于刺绣起源于远古纹身图腾形象,图腾为“蛟龙”、“阳鸟”(即凤凰),则最初刺绣就绣出龙凤图形。描龙绣凤,是我国刺绣最初的艺术形象,也是中国刺绣的传统特色,历史久远,至今仍显示着我们民族的独特风格。李湘树在《湘绣史话》中介绍:有两幅残绢上用辫绣分别绣成龙凤纹:一幅是飞腾矫健的龙纹,翱翔于缥缈变幻的云气之间;另一幅则是以昂首飞舞的彩凤为主体,也陪衬着云气纹，刻画生动流畅。战国墓中出土的这一珍贵刺绣实物，印证了屈原在《楚辞·招魂》中所吟咏的“纂组绮缟”、“被文服纤”的情景，已不再只是诗人的想像与夸张，而是当时楚地

战国龙凤虎纹绣罗禅衣(局部)

丝织绣艺的真实写照。

刺绣艺术，属于艺术的范畴。艺术各门类是相通、相互为用的。在艺术领域里，刺绣艺术给其他艺术以影响；同样，刺绣艺术也受到其他艺术的影响，因此，刺绣同艺术的起源和发展有着更为密切的联系。

战国时期刺绣龙凤纹实物的出土，不由得使人遥想起史前文化艺术的诞生。

早在新石器时代，就有人类生活在黄河流域、长江流域了。在劳动、生活中，我们的祖先创造了各具特色的远古工艺文化。如北方仰韶文化的彩陶，南方河姆渡文化的雕塑，东部龙山文化及苏南良渚文化的黑陶。这些远古工艺文化，已是有艺之工，由此开创了远古文明。这些工艺品不但呈现出造型、图纹、色彩的艺术性，而且反映了远古的工艺美术品已具有实用性和审美性，都与生产、生活紧密相关，并表现出原始社会淳厚、质朴的感情。这些带有工艺美术共性的工艺品，都给刺绣的产生带来一定的影响，直接促进了刺绣艺术的产生和成长。《文物三字经》说道："新石器，磨制光。烧陶器，作衣裳。"在新石器时代烧制陶器的同时，人们已会缝制衣裳，随后就有了在衣裳上刺绣的手工艺了。

因此，要说刺绣，先要说新石器中"石之美者"：玉器。

玉器最早伴随着石器工具而产生。石中温润而有光泽的美石，人称玉石。因其材料较少，材质较好，便进而精制成饰品，如玉瑗、玉珠、玉环等，从石器工具中分化出纯装饰性的艺术品。这时的玉才真正成为带有文化意识的玉器。此外，还出现了精制的玉琮、玉蝉等仪礼用的祭品和陪伴死者的葬玉。故宫博物院杨伯达称：我国玉文化的源头可能在距今数十万年甚至百万年前，迄今所见最早的玉器出于距今八千余年的兴隆洼文化遗址。以“神、礼、德、美”等意识构成的精美玉器，成为我国古代艺术宝库中的瑰宝。如红山文化玉龙，造型凝练，工艺犷简；良渚文化玉钺、玉琮及其图徽，形象庄重，雕琢精细。我国文化艺术上的“北雄南秀”风格于此即已形成。

与此同时代而遗存至今的，还有骨雕、贝壳雕之类陆续出土。当时的石、骨、牙器被综合利用起来，成为最早的一种装饰艺术品“串饰”，即今日常说的项链、首饰，只不过是用石珠、鱼骨、兽骨管、兽牙、蛤壳等经过原始的修磨、钻孔，被串缀起来挂在颈项上，作为一种胜利者的装饰，作为一种欢愉的美的装饰。

再说新石器时代的陶器，是人类用火的烧烤，使泥土变质而制成的。当时在陶器上留下了烧制时无意留下的篮纹、绳纹，这给先民们以启示，以后便有了人为的动物纹和植物纹等各种装饰图案花纹，并有了黑、紫、红、白等色彩绘饰的花纹。这是人类在色彩、图纹方面首次进行的艺术创作。这种纯装饰性的艺术追求，以及对于陶器造型的塑造，也融入了艺术性和科学性，体现了人类对美的要求。

此时，随着社会物质的不断丰富，人们对物质生活和精神生活都有了一定的需求；于是便运用艺术构思，采用一定的艺工技法，因材施艺于织物上。刺绣这类手工艺就这样产生了，刺绣品也就成了我国较早出现的工艺美术品。

刺绣是一种艺术，是人类社会物质文明和精神文明的一种体现。刺绣,离不开针、线、织物、彩色,这是物质文明的产物;刺绣,按一定的工艺,构成一定的图纹,体现一定的意识,具有一定的艺术性,这又是精神文明的产物。刺绣的起源和发展,同人类社会物质文明和精神文明的起源和发展,有着必然的密切联系。

刺绣是一种加工艺术,受一定生产条件的制约:它是凭借一定的工具和原料才能进行加工的手工艺术;也就是必须在先有针、线、织物的客观条件下,才能进行主观意识指导下的刺绣操作。这是物质基础。

最早的针是骨针。在北京周口店龙骨山山顶的洞穴里,1933 年发掘了一枚尖端锐利、针身圆滑、尾部穿孔的骨针。针长 8.2 厘米,直径 0.31 ~ 0.33 厘米,这表明18000年前的山顶洞人已用骨针引线,缝制兽皮衣服。在江苏苏州吴江梅堰新石器时代遗址中也出土了 56 根骨针,长短粗细不一,长的 19.5 厘米、短的 5 厘米,直径粗的 0.8 厘米、细的 0.3 厘米。有的圆柱穿孔,孔部扁圆;有的圆孔较大,孔径0.6 厘米,长 13 厘米。这些骨针的磨制穿孔技术较精细,是经过切割、刮削、挖穿针眼、磨光等一系列工艺制成的。这些骨针的使用,虽然还不能确定是否用于刺绣操作,但至少当时的人们已开始用此针缝制兽皮之类的衣服,而刺绣正是受缝制衣服的用针法启示而创始的。

在养蚕和丝织方面,我国是世界上发明最早的国家。其起源根据古代传说和古籍记载,最广为流传的是嫘祖,如"黄帝娶西陵氏于大梁,曰嫘祖,为帝元妃,始教民育蚕治丝茧,后世祀为先蚕"(《辞源》西陵氏条);"命西陵氏劝蚕稼,亲蚕始此”(《蚕经》);“西陵氏之女嫘祖,始教民育蚕,治丝茧以供衣服,而天下皴瘃之患,后世祀为先蚕。”(《通鉴纲目外纪》)嫘祖,传为西陵氏女,黄帝之正妃,是养蚕治丝方法的创造者,北周以后被祀为“先蚕”蚕神。《隋书·礼仪志》:“以太牢亲祭,进奠先蚕西陵氏神。”以上种种传说和记载可以表明,我国在六千多年前就有了蚕业,并已治丝茧以制衣服。

将这些神话传说与出土文物联系起来,以自然科学验证,那蚕业的起源时间就更清楚了。

原始的纺织是在编席和结网的基础上发展起来的。最初是用手工编织,后来出现原始的腰机和引纬的骨针等机织工艺。约7000年前长江下游的人们已使用踞织机织布,纺线则使用纺锤。纺织原料多为野生麻、葛类植物纤维。在苏州吴县草鞋山6000年前的文化遗址中,经碳素 C_{14} 测定,底层遗址年代距今约6700~6300年,经历了新石器时代前后衔接的马家浜文化、崧泽文化和良渚文化三个时期。其中有炭化稻谷、纺织品残片、篾席、芦席、木构建筑、动物遗骨和大量陶片,而纺织品残片是我国出土最早的纺织品实物。经有关专业部门鉴定,织物为纬起花的罗纹织物,其织物的密度为:经密是每厘米约10根,纬密是每厘米罗纹部约26至28根、地部13至14根。花纹为山形斜纹和菱形斜纹,织物组织结构是绞纱罗纹,嵌入绕环斜纹,还有罗纹边组织。如此成熟的技艺、精制的织物,可以看出古代苏州地区的人们很早就创造了比较先进的文化,早就具有刺绣的物质基础。

殷商时代,有关丝织物的记载就较多了,甲骨文中有蚕、桑、丝、帛等字样。到周代,蚕桑和丝织生产有了进一步发展,《诗经》中有很多关于桑蚕丝绸的歌谣,如《魏风·十亩之间》云:“十亩之间兮,桑者闲闲兮”,“十亩之外兮,桑者泄泄兮”(即“十亩桑田树青青,悠闲自在采桑人”,“十亩青青桑田外,采桑悠闲又自在”),那时种桑的面积已很大。而《豳风·七月》则生动地描绘了当时农村劳动人民采桑、养蚕、纺织、做衣裳的劳动情景:“七月鸣鵙,八月载绩。载玄载黄,我朱孔阳,为公子裳。”周朝先后设置了管理丝织生产、煮练、染色、画花纹及检验质量的专门官吏,并已有罗、纨、绮、锦、绢等多种丝织物。作为“锦上添花”的刺绣有了丰富的底料。

蚕丝质量,包括它的韧性、弹性和纤度,主要依靠养蚕技术的改进。当时人们所发明的缫丝技术,避免了蚕蛾对蚕茧的破损,使人们能获得更多的长线条的丝。在战国,还发明了练丝技术,使蚕丝更加光亮和柔软。《周礼·考工记》中还详细记载了练丝帛的方法。蚕桑丝织技术的不断进步为刺绣提供了柔软光滑的绣花线。

万事俱备,只欠东风。始创刺绣的东风来自江南太湖之滨的古吴地区。

二、断发文身演刺绣

江南古吴地区历史悠久,却又有“荆蛮”之称,常为人所不解。笔者也曾为此而上下求索。

历史悠久，根据史载是指商末公元前11世纪，泰伯、仲雍南来此地号称句吴；周简王元年（前585），寿梦在此称王建吴国；周灵王十二年（前560），诸樊南迁到这里；吴王阖闾即位后，于公元前514年，命伍子胥建造苏州城，距今已两千五百多年。

其实，在两千五百多年前，即在泰伯、仲雍之前，已有远古先民在这里生活、劳动了。《史记·吴太伯世家》载："太伯之奔荆蛮，自号句吴。荆蛮义之，从而归之千余家，立为吴太伯。"这从而归之的千余家，就是江南古吴的土著先民。在青浦崧泽遗址，发现距今六千多年的土井；松江汤庙村距今五千多年的竹箍苇编井，青浦西洋淀的木板壁井，则是距今四千多年良渚文化的典型井制。这些完整的水井演变系统集中在一处发现，正是吴地先民生活在此的明证。《史记·夏本纪》载："或言禹会诸侯江南，计功而崩，因葬焉，命曰会稽。"治水的大禹曾会诸侯于江南会稽附近，江南这一带当不会荒无人烟。从现在考古发现的河姆渡文化、马家浜文化、良渚文化等，更表明吴文化发源甚早。

考古学家苏秉琦曾宣布其论点：中国文明的起源不是单源的，而是多源的。他说：我国在10000年以内至商代以前的史前时期存在着多源文化区系，经过相互间的撞击、融合，最终形成多源一统的中国文明传统。北京大学考古系主任严久明则断言：中华文明的曙光是从良渚开始的。1994年，国家文物局专家组经考察，提出中国文明的起源应是五千多年前长江流域的良渚文化，而不仅仅是四千多年前黄河流域的夏、商、周时代。这个推断，使中国文明史由此上推了1000年。近年考古工作取得的成绩,更为中国古代文明史提供了许多有力的证据,纠正了许多错误的观点。

地理环境是人类文化形成的重要因素。苏州地处东海之滨的太湖平原。在远古时期,这里是江南古陆,曾历经海水浸淹,最后由长江泥沙冲积成陆。在20000年前的旧石器时代,就已有人类在这里生活。据1995年出版的《苏州市志》文物卷介绍,1985年,在苏州吴县三山岛发掘出一批有人工打击痕迹的石制品5263件,三山岛出土的石器及动物化石属旧石器时代晚期,距今约10000年左右。至6000年前后,新石器时代的人类遗址较多,已发现的新石器时代原始社会遗址遗迹数以百计,这些原始居民点分布遍及苏州地区各处。从近几年出土的文物来看,苏州在石器时代即很先进,有彩陶、石器、纺轮、织物、骨针、水稻等,这足以说明苏州地区早已得到开发,而且出土的织物、稻米为中国出土最早的织物和稻米(《苏州全国之最》)。

且来看草鞋山遗址,它位于苏州东部的阳澄湖南岸距唯亭镇2公里处,出土文物一千一百多件。经研究测定,中日两国专家学者认定这里有6000年前新石器时代的古稻田,曾生长、繁衍过普通野生稻,草鞋山遗址是世界栽培水稻起源地之一。太湖流域苏州一带的先民们成为世界水稻栽培的先驱者。生活在这一地区的人们,当时已经使用蚌器、骨镰从事农业生产,并且学会了制陶、纺织,能制造木结构的房屋,出现了原始居民点,以氏族为纽带,在此劳动生息。

这时,尚以游猎为主的居住在黄河中上游的炎帝与黄帝部落,向当时先进发达已进入农耕社会的蚩尤部落挑衅,最后导致华夏大地上第一次大决斗——“涿鹿大战”。结果蚩尤被杀,其属下部落被迫南迁、西迁,并四散至世界各地。“九黎”、“三苗”就是由此而来。后来炎黄帝后裔尧、舜、禹又南下,最终夺取了这片土地。所以有“舜舞有苗,禹袒裸国”之说(《史记·赵世家》)。之所以后来以黄河流域称为华夏文化发源地,是因为商、周以来的君主大都在黄河流域立国称王,把自己奉为正统,则将周边的部落贬为野蛮落后的东夷、南蛮、西戎、北狄。《礼记·王制》中就说:“东方曰夷,被发文身,有不火食者矣;南方曰蛮,雕题交趾,有不火食者矣;西方曰戎,被发衣皮,有不粒食者矣;北方曰狄,衣羽毛穴居,有不粒食者矣。中国夷、蛮、戎、狄,皆有安居。”这是封建歧视的旧称。1995 年出版的《汉民族发展史》是第一部汉民族的史书,书中全方位地审视了汉民族起源、形成过程及发展的史实。徐杰舜教授认为,汉族有炎黄、东夷两个主源和苗蛮、百越、戎狄三个支源。汉民族的形成,经历了夏、商、周时代生活在黄河和长江流域的部落联盟解体和夏、商、周、楚民族的崛起,后经春秋至秦的民族大融合而形成了华夏的汉民族。历史事实原来如此。

良渚文化曾经有过辉煌,也是华夏“衣冠文明”的重要来源。

从精神文明来讲,苏州地区刺绣的产生,正是人们从愚昧落后向文明进步发展的标志。

苏州地区古时有“断发文身”的习俗(文,是个象形字,像纹理纵横交错，这一意义后来写为“纹”。文，即刺画花纹；文身，就是在身体上刺画花纹，被创流血，然后上色染文）。《事物起源》称：今世俗皆文身，旧云起于周太王之子吴太伯，避王季历而之句吴，断发文身，以象龙子，避蛟龙之患。而《史记·吴太伯世家》载：“太伯仲雍二人，乃奔荆蛮，文身断发，示不可用，以避季历。”周太王古公亶父有三子，太伯、仲雍、季历，季历之子叫姬昌。古公亶父认为昌有兴王业的才能，有意传位于季历，而按照嫡长子继承制，王位传不到姬昌。太伯、仲雍知其意，就出走至句吴（今苏州地区），并按照当地习俗，断发文身，表示不再返回北方。实际上吴地早就有断发文身的习俗，太伯、仲雍只是入乡随俗而已。

这种文身，就是在身上刺缕花纹图案，“以象龙子”，是文上龙的图纹，以避蛟龙之患。《说苑疏证》中载，越使者诸发见梁王，诸发在与韩子的争辩中说：“彼越亦天子之封也，不得冀、兖之州，乃处海垂之际，屏处蕃以为居，而蛟龙又与我争焉，是以剪发文身，灿然成章，以象龙子者，将避水神也。”原来吴越地区地势低下，常受风雨水灾的侵害，龙在人们心目中是兴风作雨的神物、图腾。风雨大作，兴风作浪，便是龙的作用，因此人们就以断发文身的装束，以模仿为龙的后代，并划着雕刻成龙形的舟船，打鱼耕作。这是生存、生活、劳作的需求，同时也是一种原始艺术创作。《左传》引子贡言：“太伯端委，以治周礼，仲雍嗣之，断发文身，裸以为饰，岂礼也哉，有由然也。”裸其身体以文身为饰，这样的装饰是有缘由的。

闻一多说，龙是中华民族“发祥和文化肇端的象征”。所以关于龙的起源、龙的传说，与我们民族历史文化的形成和文明的开始紧密相关。古吴地区断发文身，“以象龙子”，也正是我们民族历史文化发祥和肇端的一个表征。龙是中国古代文化中最早、最受尊崇的神灵，这与原始先民的生活有密切的联系。当初人类以渔猎谋生，在江湖中打鱼，如遇惊涛骇浪、雷电交加最为恐怖，于是从雷电形成的隆隆声和曲折的闪电中产生了“龙”音和“龙”形，成为原始宗教崇拜的图腾：为天空中的云龙，为波浪中的蛟龙，为上天入地的神龙。至于绣凤，也是有史可据的。古称：“凤凰，火之精，生丹穴”，状如鸡，五彩备举，“出于东方君子之国，翱翔于四海之外”，是祥瑞之禽“阳鸟”。《史记·夏本纪》：“淮海维扬州：彭蠡既都，阳鸟所居。三江既入，震泽致定。”从吴县草鞋山良渚文化遗址中，出土过一件带盖贯耳壶，上面刻着曲折编织形构成的鸟纹，鸟头上有曲折形的冠羽，尾羽长而向上扬起，具有凤鸟的基本特征。描龙绣凤这一中国传统刺绣艺术，在苏州早有基础。因年代久远，龙凤只存其说，难定其源。至今我们已约定俗成称中华民族为龙的传人，而古吴地区确是龙文化的发源地之一。

至于刺绣如何产生，由谁创始，由于历史的久远，无法从记载中获得，远古文化艺术的创始，只能从传说中推理求得。有人说，神话和传说虽然不等于历史，但却是历史的缩影，是历史上突出的片段的记录；那些符合客观实际的神话传说，不妨说是我们今天探求事物根源的依据之一。

且说当年治水有功的大禹，曾在太湖西山的昂山和禹期山商议治水，经黑衣仙长的指点，在西山林屋洞取得治水的“天书”，从而在江海和太湖间辟田开河，引洪入海，禹治水，三江既入，震泽底定，使水得以四泄，太湖地区水患得以平息，形成今日水港网络。由于吴地人都裸体文身，因此大禹到此也随俗裸入。《论衡·恢国篇》：“夏禹裸入吴国。”《淮南子·原道训》：“禹之裸国，解衣而入。”高诱注：“裸国在南方。”后来太伯、仲雍来此地，也从地方习俗而断发文身，可见习俗对人们的影响之大。从大禹至太伯、仲雍，吴地的各个方面发生了渐变、进化，但断发文身以为蛟龙族的习俗依然存在。太伯既亡，仲雍不忍后人还在身上刺镂图纹，遂召集众人商议此事。这被正在房内低头缝衣的小孙女听到，认真揣摩起来，不小心针扎手破，血色沾衣，这倒启发她想出了一个妙法，便按文身的图纹在衣服上一针一线试做起来。为了表现和区分图纹的神态，她用五彩染丝，按照自己辫子的结构，埋头做了七天七夜，一件五彩缤纷的图纹衣服做好了。小女孩双手捧着衣服给祖父看，仲雍展开这件衣服一看，五色纷呈，光彩夺目，披在身上，那图纹果然比刺绘在身上的要好看多了。仲雍便择一吉日，身穿这件衣服，召集众人，吩咐从今后即照此方法制作衣服，可不必再文身了。经仲雍的倡导，这种服饰就取代了文身。因为小女孩名字叫女红，后人为了纪念她，就把这种锦绣针刺的工艺操作称为“女红”。五彩备谓之绣，这衣服就称为绣衣。这种女红针黹也称为刺绣。乾隆《吴县志》称：“断发文身为吴中风俗之始，仲雍来而人知礼义。”而中原地区奉行“身体肤发，受之父母，不敢毁伤，孝之始也”的礼俗观念，对于断发文身的习俗,自然视之为“蛮夷”了。“仲雍来而人知礼义”,由此改变了断发文身的习俗,因此,由其孙女创出刺绣来,使文身从身饰转移到服饰,也当在其时。

与当时断发文身相辅相随的还有龙舟竞渡。闻一多在《神话与诗》中阐述:“龙舟竞渡应该是史前图腾社会的遗俗。”“龙舟,只是文身范围从身体扩张到身体以外的用具。”古时吴越号称“水国”,苏州是我国最早诞生龙舟竞渡的地区(《苏州全国之最》)。在端午节竞渡为其土风,是吴地先民的图腾祭。上古时人们将舟装饰刻画成龙形,鳞鬣怒张,犹如或青或黄或白的蛟龙,踩波踏浪,自己又是断发文身,状如龙子,在水面竞渡为乐。后来演变为纪念伍子胥的活动。《清嘉录》在划龙船条写宗懔引邯郸淳《曹娥碑》说:“五月五日迎伍君,逆涛而上……”谓是东吴之俗。事在子胥,不关屈氏。嗣后楚国统一吴越,此风俗西移,以屈原名声大于伍子胥而世传纪念屈原。后以绣衣取代文身,人们便身着彩色绣衣而进行竞渡,因此“竞渡日,着彩衣,立龙首”。唐无名氏的《竞渡歌》道:“鼓声三下红旗开,两龙跃出浮水来,棹影斡波飞万剑,鼓声劈浪鸣千雷。鼓声渐急标将近,两龙望标目如瞬……须臾戏罢各西东,竞脱文身请书上。”这就将文身与龙舟说得更明了了。

苏州的地理环境,加上历史文化诸因素,生成了苏州的民间习俗,这对人类文化艺术创造的作用,非常直接而真实。断发文身、龙舟竞渡与图腾崇拜有关,与龙文化的原始宗教有关。如果说龙舟是文身的范围从身体扩张到身体外的用具,那么刺绣即文身习俗从身饰转移到服饰是更为合理的。从文身到刺绣,则是人类从落后习俗向文明生活进步的一个标志,如闻一多所说,图腾文化消逝以后,文身变相为衣服的服饰。这是符合客观实际的。刺绣即源于文身习俗。

史前文化都是神话传说,而神话的产生,象征着人类走上文明的开端。女红为绣,是人化自然的特殊形态,是部分原始自然的转化形态之一,两者珠联璧合,有序转化,创造了丰富多彩的物质、精神世界。然而,在旧史笔记中将民间创造刺绣移奉为舜禹始绣,刺绣亦由此成为帝皇衮服的重要标识。这是当时的社会特色,读旧籍须加分析。

三、画绣共工十二章

如果说神话传说只是引子,那么古籍记载有案可查,当为开篇了。

根据历史记载,刺绣始于舜时。

据商务印书馆 1937 年版《古今事物考》云:"舜令禹刺绣,以五种之彩明施于五色,制作衣服。则帝舜始为绣也。"舜始为绣,最早见于《尚书》,以后加注、转引的,先后有《史记》、《后汉书》等。历代古籍都有记载,可谓相沿已久。

《尚书》,亦称《书》、《书经》,儒家经典之一。"尚"即"上",上代以来之书,以其为上古典谟训诰之文,故曰尚书,是世界最古之史。相传由孔子编选而成,事实上有些篇是后来儒家补充进去的。这是中国上古历史文件和部分追述古代事迹著作的汇编,保存了商周特别是西周初期的一些重要史料。《尚书注疏·卷五·益稷》载:“帝(舜)曰:臣作朕股肱耳目。予欲左右有民,汝翼。予欲宣力四方,汝为。予欲观古人之象,日、月、星辰、山、龙、华虫,作会,宗彝、藻、

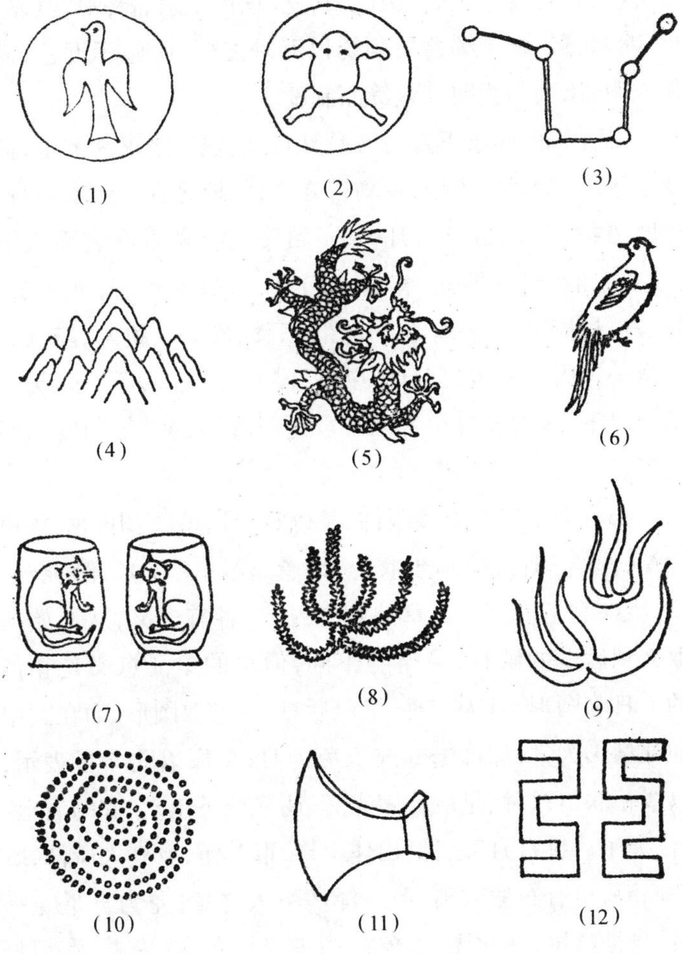

十二章纹

火、粉米、黼、黻、绨绣,以五彩彰施于五色,作服,汝明。”这是舜对禹说的一段话。唐孔颖达在正义中注疏:我欲观示君臣上下以古人衣服之法象,其日、月、星辰、山、龙、华虫,作会(绘),合五彩画之,又画山、龙、华虫于宗庙彝尊,其藻、火、粉米、黼、黻于绨葛而刺绣以五种之彩,明施于五色,制作衣服,汝当为我明其差等而制度之。

《后汉书·舆服下》云:“《易》曰:‘庖犧氏之王天下也,仰观象于天,俯观法于地,观鸟兽之文,与地之宜。近取诸身,远取诸物,于是始作八卦……’黄帝、尧、舜垂衣裳而天下治,盖取诸乾巛(坤)。乾巛(坤)有文,故上衣玄,下裳黄,日、月、星辰,山、龙、华虫,作缋,宗彝、藻、火、粉米、黼、黻、绨绣……天子备章,公自山以下,侯伯自华虫以下,子、男自藻火以下,卿大夫自粉米以下。”这时衣服的差等制度已经有了。

舜时创十二章衣裳服饰,是以日、月、星辰、山、龙、华虫六章,作绘(缋),绘画于衣上;宗彝、藻、火、粉米、黼、黻六章,绣在裳上。这十二章的刺绣纹样,各有含义,从原始的取义到后世的解释,虽略有不同,但总的象征意义是相似的。日为圆形,月为弦月,汉以后日、月都取圆形,而在圆中加饰鸟形为日,加饰蟾蜍或玉兔为月;星辰以北斗星表示,以线相联,日、月、星辰代表光辉、明光照下土,在衣的肩上,有“天子肩挑日月”之称;山作山形,取其镇,取其人所仰,威镇四海,也有布散云雨,圣王泽沾下人之意;龙为五爪龙一对,身被鳞甲,变化无方,象征圣王应机布散;华虫,彩羽野雉,身被五彩,取其华丽的纹样,象征圣王体兼文明;宗彝,宗庙祭器为虎尊，昂鼻歧尾，以刚猛制物，象征圣王神武定乱；藻，即丛生水草，逐水上下，象征圣王随代而应；火，为火焰辉发之状，取其明，象征圣王至德日新；粉米，粉若粟冰，米若聚米，人恃粉米以生，代表养育，象征圣王物之所赖；黼，如斧形，刃白身黑，取其断，代表神圣果断，象征圣王临事能决；黻，为相背两弓字形，颜色为半青半黑，代表洁净，有背恶向善之意，也象征君臣可以相济。这十二章服饰从产生以来，即含有一定的象征意义，是一种社会意识在服饰中的反映，同时也是在社会生活中应用的一种艺术。当时

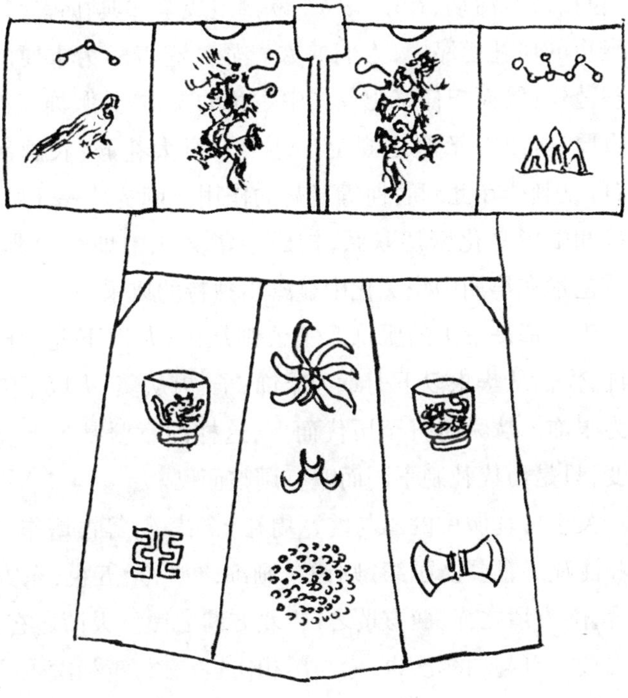

十二章衮服（示意图）

人们采用自然界的日、月、星辰、山、龙、华虫及日常生活中使用到的宗彝、藻、火、粉米、黼、黻来作刺绣纹样，取其概括造型与象征寓意，施以刺绣工艺，五彩齐备，灿然成章。装饰衣服，美化生活，并以章的多少，示尊贵，分等级。

这种象形象征意义的应用，也正是中华文化之源。中华文化之源，就是先民们的图腾祭，就是中华民族独特哲思慧性早就认识的“天人合一”的大道理。这是周汝昌经长期探讨研究提出的观点。他认为人最重祭天祭地，此即天人合一、三才之大“和”的表现形态。祭，就是众多人的排场仪式，包括祭拜活动、音乐、表演、歌舞组成全部典礼程序。在这隆重的典礼程序中，人们的衣着显然起着颇为重要的礼仪规范作用，而担任祭祀仪式中主角的人物，其服饰显得尤为重要，所以有章服之规定。这十二章大礼服，衣画而裳绣，可见刺绣在此起着何等显赫的作用。刺绣从一开始，就直接和中华文化密切联系，构成中华文化中灿烂的典章。刺绣艺术在早期中华文化中显露出独特的风采。

十二章是帝王的服饰。王公则从山、龙以下九章作为服饰；侯伯从华虫以下七章为服饰；子、男从藻、火以下五章作为服饰。从舜时直至历代而下，这样的章服基本上流传不变，只是历代礼制不同而略有调整而已。

关于古礼服中的画与绣，《周礼》、《礼记》等古籍作了记载和注疏。《周礼·画缋》则说：“画缋之事，杂五色，东方谓之青，南方谓之赤，西方谓之白，北方谓之黑。天谓之玄，地谓之黄。青与白相次也，赤与黑相次也，玄与黄相次也。”这是讲画缋六色所象及布彩的次序，但天玄与北方黑二者大同小异,是以天不得言黑,先讲明了杂色画于衣。后说:“青与赤谓之文,赤与白谓之章,白与黑谓之黼,黑与青谓之黻,五彩备谓之绣。”这是讲刺绣所用色,并绣在裳上。凡绣亦须画了再刺之,所以贾公彦在疏中说:“故画绣二工共其职也。”

至于古礼服上“衣画而裳绣”,半绘半绣,古籍在注疏中解释为:“衣在上,为阳,阳主轻浮,故画之;裳在下,为阴,阴主沉重,古刺之”;“画色轻,故在衣,以法天;绣色重,故在裳,以法地也。”除去阴阳天地之说,从其重心在下,稳固基础的原因,是符合审美观念的,如果上绣下绘,就会给人以头重脚轻之感。艺术是科学的艺术,古代人的审美感在服饰上就运用自如了。

除了规定严格的章服之外,刺绣在民间也得到运用,有的除以刺绣为装饰外,还显示豪华,是奢侈生活的反映。在周室衰微、诸侯纷起的时候,豪华刺绣是礼乐崩溃的一个征候。刺绣在等级社会中,既有定制,也有破例,这正是当初刺绣在各方面得到普遍应用的反映。

汉刘向《说苑》载,禽滑厘问于墨子曰:“锦绣絺纻,将安用之?”墨子曰:“恶,是非吾用务也……且夫锦绣絺纻,乱君之所造也,其本皆兴于齐景公喜奢而忘俭,幸有晏子以俭镌之,然犹几不能胜。”齐景公喜奢而锦绣絺纻,这是乱君之所造也。墨子还指出殷纣之亡,是因为“纣为鹿台糟丘,酒池肉林,宫墙文画,雕琢刻镂,锦绣被堂,金玉珍玮,妇女优倡,钟鼓管弦,流漫不禁,而天下愈竭,故卒身死国亡,为天下戮,非惟锦绣絺纻之用耶!”

《说苑》引《淮南子》言:“夫雕琢刻镂,伤农事者也;锦绣纂组,害女工也。农事废,女工伤,则饥之本而寒之源也。夫饥寒并至,古今之未闻也。”有见识的人都指出锦绣靡费,是劳工伤财之举,是饥寒之本源,并会导致身死国亡,而崇尚俭朴,也反映在刺绣上。后来汉初孝文帝则“上常衣绨衣,所幸慎夫人,令衣不得曳地,帏帐不得文绣,以示敦朴,为天下先”。可见当时的风气已是无处不以锦绣为荣了。《国语》、《左传》对当时诸侯国中有“食必粱肉,衣必文绣”,“柱梁衣绣,士无不褐”的记载。而“王公大夫有丧者,棺椁必重,葬埋必厚,衣衾必当,文绣必繁,邱陇必巨,存乎正”(《墨子·卷六·节葬下》)。

成书于2500年前的《诗经》,生动地描述了当时的现实生活。如《唐风·扬之水》:“扬之水,白石凿凿。素衣朱襮,从子于沃。既见君子,云何不乐?扬之水,白石皓皓。素衣朱绣,从子于鹄。既见君子,云何其忧?”襮是绣有黼文的衣领。《豳风·九罭》:“九罭之鱼鳟鲂,我觏之子,衮衣绣裳。”《小雅·采菽》:“采菽采菽,筐之筥之。君子来朝,何锡予之?虽无予之,路车乘马。又何予之,玄衮及黼。”讲诸侯来朝时,周幽王把卷龙绣裳赐赠他们。《秦风·终南》:“终南何有?有纪有堂。君子至止,黻衣绣裳,佩玉将将,寿考不忘。”表述当时终南山的姑娘所见到进山来的男子是青黑绣衣彩裳宽,佩戴美玉叮当响。美玉与绣衣相映衬,固然是工艺美术的早期辉煌,也是生活中高雅飘逸的艺术装饰。

当人类社会发展到周朝后期的春秋战国时期,周代的分封制、世袭制、等级制,在弑君废长的强力面前已显得软弱无力。诸侯纷争,列国逞强,“礼崩乐坏”,《周礼》中的标准化礼制,已被称雄争霸者随心所欲地破坏了。如反映在舆服典章方面,周自夷王削弱,诸侯自瓷。“穿孔翚之羽毛,无以供其侈;极随和之掌握,不足慊其华。服饰泯尊卑之分,衣裳竞都丽之观。”管子曰:“女以巧矣,而天下寒者,其悦在文绣。”孟子曰:“令闻广誉施于身,所以不愿人之文绣也。”春秋战国之时,女以此殚其力,士以此耀其身。刺绣还有更进一步铺张的,庄子曰:“子不见夫牺牛乎,衣以文绣,入于太庙,虽欲为孤犊,其可得乎!”《史记》也载:“楚庄王之时,有所爱马,衣以文绣,置之华屋之下。”是则文绣之在当时,不仅衣被黎庶,而且施及牛马;风尚之成,匪伊朝夕,绣工盛矣。

人们运用美术工艺的各种手段,使生活丰富起来。供奏乐歌舞的大型编钟、编磬就产生在那个时代。人们可以想见,在豪华的宫殿中,大幅的绣屏披挂在墙,贵族们边饮边乐,舞女随着乐声翩翩起舞,刺绣的服装光彩照人,极尽享受之乐。

对于苏州地区的早期刺绣,古籍中也有记述。苏州第一部地方史志汉代赵晔著《吴越春秋》卷六越王无余外传中载:“禹乃登山,仰天而啸,忽然而卧。因梦见赤绣衣男子,自称玄夷苍水使者。”《说苑·卷九·正谏》载:“晋平公使叔向聘于吴,吴人拭舟以逆之(拭:揩;擦。逆:迎;接。吴人揩擦干净船来迎接叔向。),左五百人,右五百人,有绣衣而豹裘者,有锦衣而狐裘者。”按晋平公在位系公元前 557 至前 532 年,这说明 2500 年前苏州已经流行刺绣。在《吴越春秋》中记述吴王夫差因听信谗言,最终败亡于越王勾践时,吴王临欲伏剑,顾谓左右曰:“吾生既惭,死亦愧矣。使死者有知,吾羞前君地下,不忍睹忠臣伍子胥及公孙圣。使其无知,吾负于生。死必连繄组以罩吾目,恐其不蔽,愿复重罗绣三幅,以为掩明。生不昭我,死勿见我形。吾何言哉!”夫差兵败乃以罗绣三幅遮盖面目,苏州绣帕在春秋时当为常用之物,而起到遮羞的作用。

民间还流传着当年吴王夫差与西施泛舟游湖,见到采菱女子于荷莲间嬉戏,头顶荷叶,身体在荷莲间穿行,煞是好看。西施回宫后就根据观赏到的情景,绣制成藕荷腰兜和包头巾,从此这种服饰在苏州流传至今。

刺绣源于生活,人类的生活是受到社会诸因素影响的,是丰富多彩的,因此刺绣也与社会诸因素相关联,因时因地因人而异,在历代呈现出丰富多彩的艺术来。

锦上添花纹灿烂

强盛的秦汉，统一了华夏，汉族得以形成、固定下来，汉族礼节也日趋完备；东汉时期佛教流入，从此中国儒、道、佛文化并存并流传至今，影响着社会的方方面面；盛唐又与各国广泛交流，使中国社会添加了更新鲜的内容，刺绣艺术的发展更加适应着各方的需求，而左右逢源了。

社会历史对刺绣艺术既限制又促进。等级限制的是刺绣的内容和数量，也就是刺绣题材和使用范围的限制；礼乐崩坏促进的是生产力的解放，刺绣艺术的追求和提高，也就是绣品的丰富和技艺的发展。刺绣就是这样由简单而复杂，由粗制而精细，由品种单一而丰富，在艺术上不断趋于完善和丰美。

千年古技，灼灼其华。让我们来看一下刺绣艺术之美，是如何以其奇丽精巧，让人惊叹其妙其绝的。

一、黼绣周张郊祀歌

刺绣源于生活。人类从原始的渔猎、农耕时期进入封建社会,生活在不断变化、发展,刺绣艺术也随之提高、发展。短暂的秦王朝给我们留下了举世闻名的兵马俑阵,目前还没有发掘到刺绣品。而在强盛了数百年的汉代,有关刺绣的记载和实物就渐渐地增多了。此后,历代刺绣艺术的发展便有轨迹可寻了。

首先,汉人舆服改进,建立了卤簿制度。有大驾、法驾的卤簿制度,自皇帝至牧守各有卤簿。如天子乘坐有五辂,其玉辂"青盖黄里,绣游带博山",余四车,则"青绞纯带,夏用箪,冬用绮绣"。刺绣至此广泛用于车驾的卤簿,之后历代相沿。刺绣在一定程度上体现了尊荣的地位。《汉书·礼乐志》中记有郊祀歌,其中云:"天地并况,惟予有慕,爰熙紫檀,思求厥路。恭承禋祀,缊豫为纷,黼绣周张,承神至尊。"黼绣周张是郊祀中承神至尊的外在表现。刺绣成为郊祀中不可缺少的装饰。

当时对锦绣缯帛也分等级区别对待,显示荣辱。汉武帝末年,各地农民起义,朝廷特派官员身穿规定的绣衣,代表中央持节发兵镇压起义军,并有权诛杀镇压起义不力的地方官员,这种绣衣使者被命为"绣衣直指"或"绣衣御史"。因为绣衣使者"衣绣衣,杖斧,分部逐捕,刺史郡守以下皆伏诛",所以,后来以"绣斧"指皇帝特派而握有生杀之权的巡察官员。张南《书卢疏斋宣城集后》诗称:"人物西清第一流,曾看绣斧下瀛州。”可见从衣着能看出一个人的社会地位和享有的荣华富贵。

汉代曾有诏令:商人不得衣锦绣绮縠,而以绣衣显示朝廷的权势。此外,帝王以绣衣为赐品重赏臣下。如汉文帝时,曾赐承恩者及百官五色绣罗、绣锦袄子;西汉大将霍光去世时,汉宣帝赠绣被以葬,班固有诗云:“长安何纷纷,诏葬霍将军,刺绣被百领,县官给衣衾。”刺绣品呈现出何等的光彩。

汉成帝时身轻如燕的赵飞燕,在出途行中建立帷宫,皆用锦罽文绣装饰。赵飞燕的兄弟还专程派人送来金银刺绣的帐帷,可见此时刺绣品之昂贵,已用金银线绣制了。

班固在《西都赋》中称:“昭阳特盛,隆于孝成。屋不呈材,墙不露形,裛以藻绣,络以纶连。”这是讲皇宫之绣。贾谊的《陈政事疏》中谈到美者黼绣,是古天子之服,今富人大贾嘉会召客者以被墙,则说明当时土木被文绣,已屡见不鲜。所以昭阳之宫,得孝成而后与商贾媲美斗绣。当时有“齐郡世刺绣,恒女无不能”之说,《后汉书·乌桓传》也载:“妇人能刺韦作文绣,织氀毼。”说的是妇女能在皮革上针刺文绣,织制裘服。这是关于在皮革上刺绣的最早记载。

现在发掘到的汉代刺绣品比较多。其中1972年湖南长沙马王堆一号西汉墓出土的刺绣品最为突出。如信期绣茶黄绮绵袍、长寿绣绛紫绢绵袍、信期绣罗香囊、乘云绣黄色对鸟菱纹绮、茛纹绣绛色绢、方棋纹绣红棕色绢、缣地树纹铺绒绣等,绣品藏湖南省博物馆。纹样题材以云纹为主,也有以龙头、凤头与云纹连成的云中龙、云中凤,真是龙飞凤舞、百姿千态。信期绣、长寿绣、乘云绣在《遣策》上还记下了名称。信期绣，因为绣了许多穗状流云般的候鸟燕子，当时信期绣价比黄金；长寿绣上用多种彩色丝线绣出云彩、花蕾和叶瓣，由变形的鸟状和怪兽图纹组成，可能是象征长寿；乘云绣由飞光溢彩的祥云及乘云而行的神兽构成。

汉代长寿绣

这些绣品针法细腻流畅，不仅有辫绣，还首次出现了铺绒绣，一号墓内棺的四壁板和盖板，都以铺绒绣镶边。铺绒绣，以直针平铺满绣而成，针脚整齐，绣线排列均匀，可谓迄今所见我国最早的铺绒平绣作品。该墓还出土了重仅 48 克的素衣禅衣，衣长 128 厘米，通袖长 190 厘米，袖口宽 27 厘米，腰宽 48 厘米，用精缫蚕丝织成，单根丝缕仅 11 旦尼尔细（“旦尼尔”是表示丝纤维粗细程度的单位。丝长 9 千米,其重量为1克者,为1旦尼尔),丝织工艺在当初已能达到如此精细高超的程度,客观上有助于刺绣工艺的提高。

故宫博物院藏有马衡捐赠的河北怀安五鹿充墓出土的汉绣残片,这是以绸为底料、用辫绣针法的绣品。上面有缥缈的风云、翱翔的凤鸟、奔驰的猛兽、层叠的群山、狩猎和供养的人物及秦汉铜镜上常见的带状花边等,构图内容丰富,形象逼真,使我们看到了汉代的生活画面。这是首次见到的古代人物绣。

三国时期,魏有薛灵芸,字夜来,擅针绣,也能裁剪,当时号称为“神绣”,可惜没留下“神绣”的具体物品的记载。东吴则有赵夫人,为丞相赵达之妹,能刺绣,王嘉《拾遗记》称:“作列国方帛之上,写以五岳河海城邑行阵之形”,时人谓之“针绝”。这是刺绣画幅的最早记录。

二、巧绣山川地势图

在三国东吴时,苏州地区曾创作我国第一幅刺绣的山川地势图,这是苏州的早期刺绣艺术品。苏州地区的刺绣艺术,与苏州地区的开发密切相关。

公元前514年,吴王阖闾命伍子胥建吴国都城于此,伍子胥“相土尝水,象天法地”,挖泥垒城,建成水陆各八门、城周四十七里的阖闾大城。吴王阖闾藉此为都,以孙武、伍子胥为将,西破强楚,北威齐国,东征东夷,南服越国,称雄争霸于东南,从此“威行海外三千里,霸占江南第一都”。当时为了蚕桑,吴楚还发生过战争。《史记》和《吴越春秋》都提到过,吴王僚九年(前518),“楚边邑卑梁氏之处女与吴边邑之女争桑,两女家怒相灭。两国边邑长闻之,怒而相攻,灭吴之边邑。吴王怒,故遂伐楚,取两都而去。”争夺蚕桑,是为了养蚕产丝,蚕丝织成而后供刺绣。

战国时吴地入楚,楚封春申君黄歇于吴。秦灭楚,设天下三十六郡,在这里建吴县,属会稽郡,为郡首府。《史记·货殖列传》称:“夫吴自阖闾、春申、王濞三人招至天下之喜游子弟,东有海盐之饶,章山之铜,三江、五湖之利,亦江东一都会也。”这里成为东南的政治、经济中心。

三国时期,这里的手工业伴随着东吴物质基础的日渐雄厚而发展。孙权乘蜀、魏在陕甘争锋无暇东顾之机,就着意开发东南一带,先稳住国基,以伺机而进。兵战粮草最重要,在孙权统治下,江南农业更加发展,人民生活因之较宽裕,安居乐业,巧构手艺。水战靠船,水乡的造船业也达到了前所未有的规模,且造船技艺更为精湛,所造载重千吨的舰船上下五层,雕镂彩绘,精巧绝伦,能工巧匠争相献艺。此时便出现了刺绣艺术画幅《山川地势图》。

王嘉《拾遗记》载:“吴主赵夫人,丞相达之妹,善画,巧妙无双。”“孙权常叹魏、蜀未夷,军旅之隙,思得善画者使图山川地势军阵之像。达乃进其妹。权使写九州方岳之势。夫人曰:‘丹青之色,甚易歇灭,不可久宝;妾能刺绣,作列国方帛之上,写以山岳河海城邑行阵之形。’既成,乃进于吴主,时人谓之‘针绝’。”赵夫人不但有“针绝”之技,而且“能于指间以彩丝织云霞龙蛇之锦,大则盈尺,小则方寸,宫中谓之‘机绝’”。赵夫人还曾以胶续发织为罗縠,“累月而成,裁为幔,内外视之,飘飘如烟气轻动,而房内自凉。时权常在军旅,每以此幔自随,以为征幔,舒之则广纵一丈,卷之则可纳于枕中,时人谓之‘丝绝’。故吴有‘三绝’,四海无俦其妙”。

这个传闻说赵夫人有“三绝”,或许有些夸大附会,但也不会凭空杜撰。作者王嘉,字子年,是东晋十六国时前秦人,与当初相距仅百年。既有锦绣华丽的衣服为基础,赵夫人的“针绝”亦当是手工技艺发展的产物。赵夫人之兄赵达,“吴人,少从汉侍中单甫学九宫之术,能应机立成,问对若神,至计飞蝗,射无不中”(乾隆《吴县志》)。赵氏兄妹都是机巧人。

赵达之妹把五岳、河流、城邑、行阵的图形按比例缩小,用彩线绣在方帛之上,这是按图绣画刺绣艺术品的开端。在这之前,刺绣都是以图案装饰为主流的,即使龙凤、花卉、鸟兽的刺绣,也只是按物状形地刺绣,至此便有了绣画象形写意的开创。由于其刺绣工艺的精细,王嘉在篇末赞曰:“虽棘刺木猴,云梯飞玄,无过此丽也。”显然并非言过其实。赵夫人独出新思,巧绣山川地势图,是苏州刺绣艺术精品的先声。从此刺绣声价百倍,名家继起,六朝时有精细的佛像绣,宋明又有发绣,而以名画为稿本的闺阁绣画幅,则佳者较画更胜了。

值得一提的是苏绣还东渡日本,对东瀛的服饰至今还产生影响。

早在西晋光熙元年(306)和永嘉四年(310),日本天皇应神时期,“阿知使主等遣兵求缝绣女工”,两次派人来吴,聘请养蚕、刺绣、织锦绫的匠师去日本传授技艺。日本雄略天皇为使日本成为“衣冠之国”,热心倡导织绣工艺,曾诏令皇后宫妃们亲自养蚕,但仍无法满足宫廷生活的需要,宫中官员不能都穿上刺绣丝绸服装,因此,隋仁寿四年(604),雄略天皇在遗诏中曾说:生病去世,“此乃人生常分,何是言及”,“但朝野衣冠未得鲜丽……兴言念此,唯以留恨”。至中国唐代,日本天皇的衮龙御衣即完全同中国帝王十二章服。日本武士佩剑佩带前垂以刺绣装饰的长方形丝巾“平绪”,上面刺绣的凤凰、孔雀、牡丹、松梅竹菊等图案,都是由中国传入的。

江苏省轻工业厅副厅长顾信访日后在《南艺学报》上撰文《日本传统织绣工艺品介绍》谈得更为具体:据斋藤磬先生著的《传统的日本刺绣》和秋山光男先生著的《日本刺绣》介绍,日本刺绣是在飞鸟时代由中国传入的。日本的飞鸟时代,是公元592—710年,在中国是隋(581—618)唐(618—907)时期。当时曾大量绣制了皇宫贵族的衣着、佛像、武具及生活日用品,现在尚可见到江户时代的释迦如来佛的绣像。

唐代,海外船舶可由吴淞江直抵苏州城下,苏州的对外贸易日趋发达,所产丝、绢、绫、缎等远销国内外各地。杜少陵《昔游》诗中有“吴门持粟帛,泛海凌蓬莱”句。苏州的刺绣服饰也随之传入日本,成为日本后来的和服。日本人在《纺织技术之历史》一书中,肯定日本的“和服”即“吴服”的谐音。而“和”、“吴”在苏州方言中本来就是同音。苏州古称吴,三国时又是孙吴的吴,当时日本同吴接触较多,唐代传入日本的物品也很多,因此在很长一段时间日本把这里传过去的物品名称之前冠以“吴”或“唐”字。苏州的刺绣服饰和刺绣技艺传入日本,使日本开始流行刺绣服装,发展起刺绣工艺,因此在日本和服又称吴服,现已成为日本的传统刺绣和民族服饰,也成为最能体现中日往来的物证之一。

苏绣和服、腰带

刺绣腰带的主要部分都挽在背后,打成各种各样的花结,好像背了个小包袱,据说这腰带可能由中国妇女用的“襁褓”传入日本。刺绣腰带解开来是一幅长 4 米、宽 30 厘米的刺绣条幅,其各种图案花纹绚丽,是极好的刺绣艺术品。在日本高规西武,一条苏州刺绣腰带就卖了 120 万日元。

目前,日本的和服、腰带大多由我国苏州、南通两地绣制。艺人们运用苏绣平针、齐针等传统工针，同时吸收日本疋田绣、管绣等刺绣针法，粗细相配，虚实结合，色彩分明，装饰性强。苏州刺绣从隋唐到现在，一直和日本的服装有所联系，对日本的刺绣影响甚大。至今，日本的许多刺绣针法仍和苏绣相同，只是名称不同而已。

苏州刺绣不但早负盛名，而且向四周扩散传播，使东邻的日本刺绣由此开端。这是中国工艺美术技艺和产品流传域外影响深远的典型事例之一。西域传来的佛教也给我国以影响，因此有了佛事刺绣品的辉煌。

三、苏晋长斋绣佛前

南北朝时由于佛教在中国的盛行，有关佛事的绣品相继问世。虔诚的信女一线一针地绣起了佛像、经袱、幡帐，当然有的是受人差遣，为他人而献绣于佛。1956年在敦煌莫高窟125～126窟前崖壁裂缝中发现了北魏广阳王元嘉献于太和十一年(487)的刺绣佛像残片，现藏敦煌文物研究所。这是当时的一佛二菩萨说法图。画幅正中绣一坐佛，其右侧为一菩萨，下方正中是发愿文，其左右绣供养人，现仅存四女一男，均穿胡服，身旁各绣名款。刺绣上的横幅花边，绣出圆圈纹和龟背纹互相套叠的图案，除花边外均满地施绣，色彩调和，富丽大方，是现存最早的一件装饰绘画性的满地绣，也是目前发现的最早的佛像绣。

这一时期的刺绣艺术已达到什么水平，从张率的《绣赋》中可见一斑。我们不仅可以欣赏到优美的文辞，更能体

北魏敦煌莫高窟发现的刺绣品

味到刺绣艺术之美了。张率(475—527),字士简,苏州人,南朝梁武帝时文学家,《苏州府志》有传。16岁时已有千余篇诗赋,有个虞讷读了他的诗赋,说很差,张率气得焚毁了旧作,又重写几首给虞讷看,伪称是著名文学家沈约写的,虞讷读了连连称赞,张率笑道,这几首都是我写的。虞讷从此不敢小看张率了。张率才笔超群,尝奏《待诏赋》,梁武帝手敕答曰:“相如工而不敏,枚皋速而不工,卿可谓兼二子于金马矣。”官至新安太守。他在苏州周围地区刺绣品的艺术感染下，激起了才思，挥笔写出著名的《绣赋》。他在《绣赋》中赞：

> 寻造物之巧妙，固饰化于百工，嗟莫先于黼绣。自帝虞而观风，杂藻火与粉米，郁山龙与华虫。若夫观其缔缀，与其依仿，龟龙为文，神仙成像。总五色而极思，藉罗纨而发想；具万物之有状，尽众化之为形。既锦华而稠彩，亦密照而疏明；若春湿之杨花，似秋汉之辉星。已间红而韵紫，亦表元而裹素；间绿竹与蘅杜，杂青松与芳树。

刺绣工艺品之美在当时达到这样的艺术境界，是符合当时苏州的社会历史文化的。

南北朝佛教盛行一时，反映在绘画上，宗教画占了主要地位。同时，由于山水诗的增多，山水画亦开始形成。东晋画家顾恺之就生活在这个时期，他是无锡人，擅长人物画，线条优美活泼，人物传神，如《〈女史箴〉图》，许多宫廷女子形象美丽娴雅，线条如春蚕吐丝，优美连贯。之后梁朝的张僧繇，苏州人，创作了大量的寺院壁画，相传他在一座寺院壁上画了四条白龙，其中两条龙被画上眼睛后就破壁飞去，这就是“画龙点睛”的典故。这些优秀的绘画，给刺绣提供了稿本，刺绣必须不断提高技艺，才能绣好画幅。苏州的大家闺秀总五色而极思，藉罗纨而发想，具万物之有状，尽众化之为形，俨然是艺术家之统揽全局，艺工横溢，飞针走线，才情挥洒，使刺绣技艺达到了新的水准。

至唐代，刺绣的佛像日益增多，唐杜甫诗中有“苏晋长斋绣佛前”之句。邓之诚在《骨董琐记》中就记了白居易之弟白行简，其妻杜氏擅绣佛像，白居易对其所绣的阿弥陀佛赞曰"金身螺髻,玉豪绀目";杜氏还绣救苦救难观世音菩萨像,长5尺2寸,阔1尺8寸,绣得络金缀球,精细美仑,白居易又赞云:"集万缕兮积千针,勤十指兮虔一心。"《白居易集》中另外对杨莲花绣的阿弥陀佛与阎浮提评曰:"夫范铜设绘,不若刺绣文之精勤也。"

唐代敦煌莫高窟发现的刺绣《释迦灵鹫说法图》(局部)

早在唐太宗时,内职官中已有"绣帅"作为管理刺绣的专职人员,官方已有专门机构组织绣工刺绣,供给妃院绣品的织绣工就有七百多人。唐代刺绣入宫,还为公主所亲自操作。《鄎国长公主神道碑铭》载，睿宗之第七女鄎国长公主，曾“手写金字梵经三部，躬绣绒佛像二铺”。有关刺绣的情况，在同时代的诗文中也屡有反映。如胡令能有刺绣诗《咏绣幛》：“日暮堂前花蕊娇，争拈小笔上床描。绣成安向小园里，引得黄莺下枝条。”赞刺绣活色生香，如此传神。李白的《宫中行乐词》中曾这样生动地描写：“小小生金屋，盈盈在紫微。山花插宝髻，石竹绣罗衣。”唐代崔令钦《教坊记》中，还有舞衣加绣以增强艺术效果的记载。文中介绍了一群舞女内穿绣衣，外笼缦衣，舞至第二叠相聚场中，突然集体从领头上抽去笼衫各纳怀中，翩翩而舞，观众忽见众舞女都是文绣炳焕，莫不惊异。李白有诗句云：“翡翠黄金缕，绣成歌舞衣。”刺绣在文艺生活中已是画龙点睛之作。

在影印本《永乐大典》第五十六本第十六页所载“薛仁贵征辽事略”，称薛仁贵所献瞒天过海计：“帝领百官随海边来，见其万户皆一彩幕遮围。其老人东向倒步，引帝入室，皆彩绣幕，地铺茵褥。”以彩色绣幕遮围，瞒得天子登船渡海，想不到刺绣艺术在军事中除了在战旗上绣姓字，随军冲锋陷阵作旗号外，还发挥过如此的作用。在《三十六计》中传下神奇佳话。

据《杜阳杂编》载：“唐同昌公主出降，有神丝绣被，绣三千鸳鸯，仍间以奇花异叶，其精巧华丽无比，其上缀以灵粟之珠如粟粒，五色辉映。”如此绣被，是目前首次所知绣工最华丽的绣被的记载。《杜阳杂编》是唐代苏鹗所编的三卷笔记，苏鹗字德祥，居于武功（今陕西）之杜阳，光启（885—888）进士，笔记主要记载唐代宗至懿宗（762—874）十朝间的边地及外国的奇技异物，其中可能有传闻或虚构的故事，“绣三千鸳鸯”，当然是誉其多的一种夸张叙述。

该笔记还记载了一件更为奇巧的事，说唐代永贞元年（805），有个南海少女名叫卢眉娘，被贡入宫，年龄14岁，就能在一尺绢上绣《法华经》七卷，字不超过米粒大小，而且点画分明，细于毛发。试想，如果在一尺绢上用笔抄写像米粒大小的七卷经文，也是困难异常，而卢眉娘能以针代笔，绣出比米粒还小的经文七卷，确非一般人所能及，真是工巧无比。怪不得唐顺宗赞叹其绣工为“神功”。这是首次关于刺绣经文的记载，也是“精微绣”之肇端。近人朱启钤《女红传征略》也引述其事。据传说她还能作飞仙盖，将丝一缕分劈为三，染成五彩，在掌中结华盖五重，上有十洲三岛、天人玉女、台殿、麟凤各种形象，外列执幢捧节的童子千数人。此盖阔一丈，称之不满三两。此说似乎有点令人难以相信，但却也出土过匪夷所思的西汉素纱禅衣实物。西汉素纱禅衣可能也如此织成，不过较之飞仙盖则略逊一筹，因为飞仙盖还有各种形象，且缤纷多彩。

唐代会昌年间边将张揆之妻侯氏，因丈夫守边十年未归，十分思念丈夫，就绣了龟形的回文诗，诣阙进之，诗末句云：“绣作龟形献天子，原教征客早还乡。”唐武宗阅后大为感动，当即下旨将张揆从边疆放归家乡，并赐给侯氏绢300匹，表彰其才华。这是刺绣艺术的另一意外的成功。这也是关于刺绣诗文的最早记载。

随着佛教的传入，刺绣工艺已从在日用品上刺绣各种图案花纹发展到绣画像、绣字，出现了以应用为次、装饰供奉为主的艺术欣赏品。用刺绣来作装饰画，在我国有悠久的历史，在春秋战国时，文绣披墙、刺绣帐幔等就是刺绣装饰的早期应用。武则天晚年曾命绣工绣制《净土变相图》400幅。这也是刺绣装饰画的一种。为了达到艺术欣赏的效果，刺绣女工自是熬费苦心，在一针一线的穿刺过程中，逐渐创出一些新的针法和绣法。唐以前主要针法为辫绣，至此平针绣逐渐发展，针法如直针、缠针、齐针、套针、平金、盘金等，撮金线、金片的技术使佛经、佛像的刺绣品更显得辉煌，而绣法中的贴绢、堆菱和缀珠等技术使佛像更具有浮雕立体的艺术效果。在苏州的虎丘塔、瑞光塔里就发现了距今千年的刺绣文物经帙。

四、千年古塔藏经帙

北宋都城汴京（今开封）朝廷设有“文绣院”，内有绣工三百多人，专为皇宫绣制绣衣卤簿和装饰品，刺绣技艺得到了发展和提高，汴绣因此显赫一时，《东京梦华录》称它为“金碧相射，锦绣交辉”。

宋代的卤簿制度使刺绣需求量更大。《宋史·仪卫志》记载：宋朝国初卤簿，乾德三年（965），蜀平，是岁，始令改画衣为绣衣，至开宝三年（970）而成，谓之“绣衣卤簿”。其后郊祀皆用之。军卫羽仪，自是浸甚。自太祖易绣衣卤簿后，太宗、真宗皆增益之。绍兴十三年（1143），郊，准国初大驾之数，12222人。其中禁卫班直服色，用锦绣、金银、真珠、北珠者780人。宋卤簿，以象居先，设木莲花座，金蕉盘，紫罗绣簷络脑，每象四人引，绯绣窄衣、银带。宋制旗物尤盛。大旗，黄质九幅，每幅绣升龙一，侧幅二；大赤，朱质七幅，每幅绣鸟隼二，侧幅如之；大白，素质五幅，每幅绣熊一、虎一，侧幅如之；大麾，皂质四幅，每幅绣五彩龟蛇一，侧幅绣龟二。氅，今制有青、绯、皂、白、黄五色，上有朱盖，下垂带，带绣禽羽，末缀金铃。青则绣以孔雀，绯则绣以凤，皂则绣以鹅，白亦以鹅，黄则以鸡。扇筤，绯罗绣扇二，绯罗绣曲盖一，并内臣马上执之。这是关于绣扇的早期记载。

仪卫队伍中，凡绣文：金吾卫以辟邪，左右卫以瑞马，骁卫以雕虎，屯卫以赤豹，武卫以瑞鹰，领军卫以白泽，监门卫以狮子，千牛卫以犀牛，六军以孔雀，乐工以鸾，耕根车驾士以凤衔嘉禾，进贤车以瑞麟，明远车以对凤，羊车以瑞羊，指南车以孔雀，记里鼓、黄钺车以对鹅，白鹭车以翔鹭，鸾旗车以瑞鸾，崇德车以辟邪，皮轩车以虎，属车以云鹤，豹尾车以立豹，相风乌舆以乌，五牛旗以五色牛，余皆以宝相花。这都是刺绣而成。

此外，《宋史·舆服志》中的皇帝车辂，更是金涂银装，间以玉饰，处处可见刺绣的艺术风韵，诸如青丝绣云龙络带、青罗绣宝相花带、红罗绣云龙褥，香囊、阘戟绣黻文，杠衿以青绣等。芳亭辇、裙裥、络带皆绣云凤，帘以红罗绣鹅为额。凤辇、络带、门帘皆绣云凤。腰舆，绯绣凤裙被套，上施锦褥，别设小床，绯绣花龙衣。马匹还有紫罗绣宝相花、瑞草等方鞯。至于皇帝国戚诸臣之服，另有冕服之规定。每逢大祀，这万人以上的仪卫队伍一摆开，真是锦绣花簇，气势豪华，简直成了刺绣盛装的大检阅。

在刺绣工艺得到如此应用和发展的情况下，便有人另发奇想，以头发为丝线进行刺绣。按发肤乃受之于父母，以当时的伦理纲常是不可轻易处置的。但正是出于孝道，有女以发刺绣经文、观音像，也是合乎情理的。发绣因此在佛教盛行、刺绣盛行的时期出现了。

最早的发绣，见于记载的，是近代朱启钤收集在《女红传征略》中的一段资料，说宋代有孝女周氏，6岁而孤，没有兄弟，发誓终身侍奉母亲不嫁，为此受戒，更名为贞观。及母亲卒，痛无以报，就刺破舌头，用血书写《妙法莲花经》7万字，并擘发丝绣字，历时23年方才完成。这是以一片孝心献身于释佛，不仅以血书写经文，更以发丝绣经文，首开发绣之端。

关于宋代苏州的刺绣，在《应庵和尚话语录·卷下·偈颂》中有“平江(宋代苏州为平江府)吉彬老侄女吉二娘绣普贤像”的记录。自唐代释道画盛行以来，刺绣佛像的也多了起来，信女们更是以虔诚的态度来绣制佛像，既是才艺的发挥，又是精神的寄托。这些又都和苏州那时的富家生活有关。苏州的一些大家闺秀在楼阁无事，就以刺绣消遣，有的夫亡后做所谓的贞女节妇，便长斋吃素，刺绣佛像，寄托余生，才有了吉彬老侄女绣普贤像之类的事。

人们一直在寻找苏州早期的刺绣实物，以印证苏绣当年的历史。解放后终于在苏州的千年古塔中发现了当时的刺绣经帙。

1956年3月，苏州市文管会整修虎丘塔时，在第二层发现一批文物，其中经卷“外面有绣花经帙包裹，颜色已泛成灰暗，中间毛笔写‘弟子徐仁梅□□’等字。内中并残存一‘捨’字，是绣上的。”“另有破残经帙四块，皆刺绣花卉，针法不甚细致，却古朴大方。”（苏州市文管会《虎丘云岩寺塔发现文物简报》，载《文物参考资料》1957年第11期）。虎丘塔始建于五代周显德六年（959），落成于宋建隆二年（961），是一座八角形仿木结构楼阁式砖塔，共七层，塔身高约47米，当初建塔，都藏有珍宝作为镇塔之物，并藏经卷的。其中刺绣经袱以罗为底料，“按罗为丝织中轻软而有疏孔者”，“织家唯务斤两不可用”（见民国《吴县志·物产》），捐舍者以罗地精心刺绣，足见其虔诚。作为舍经卷和舍裹经绣袱之人，应是本地区的善男信女，因此塔内出土的绣袱是苏州本

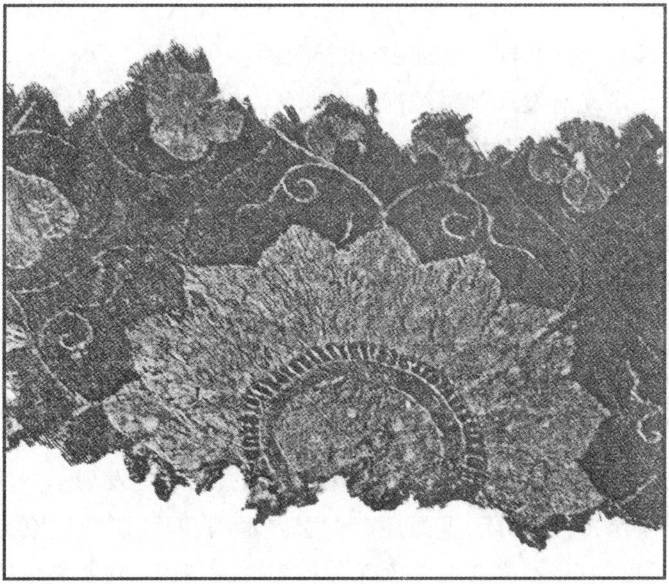

苏州虎丘云岩寺塔出土的五代刺绣经袱（局部）

地刺绣品。

这是目前见到的最早的苏州刺绣实物,值得细细观赏。据陈玉寅介绍,有块黄绢地绣凤穿牡丹纹经帙,经样以卷草环成菱形,内有两只凤凰相对而飞,民间称之为“凤求凰”。四角绣四面对称的缠枝牡丹。针法有散套针、抢针、齐针、辫子股绣等。凤凰用红、蓝、绿、白等色,富有民间气息。这是弥足珍贵的“凤穿牡丹”绣品,是现今保存最早的“苏绣”标本。一块栗色绢地绣宝相莲花纹经帙,纹样骨格为菱形,以宝相莲为中心,四向放出侧面形莲花四朵,间有两只莲蓬。其外为用牡丹和海棠组合的带状花纹装饰。在经帙四角,以缠枝牡丹组成三角形纹样装饰。针法有散套、戗针、齐针、辫子股绣等。线用劈绒。色彩为深蓝、天蓝、浅蓝相配,以白相间,即三蓝加白,质朴明丽。

瑞光塔发现刺绣经袱纯属偶然。瑞光塔在苏州城西南盘门内,三国东吴赤乌四年(241)孙权在此创建普济禅院,赤乌十年(237)又建十三级舍利塔。北宋宣和年间(1119－1125)重修时改为七级,相传塔上常放五色祥光,故改名为瑞光塔。塔为七级八面楼阁式,砖木混合结构,砖砌塔身由外壁、回廊、塔心组成。已荒芜多年,长期关闭。1978年4月,几位学生沿塔外避雷杆爬上塔楼去玩耍,无意中在第三层破损的塔心处发现一尊泥塑佛像露出,遂动手抽砖拆塔心,就此发现了塔心秘藏。随着洞口的扩大,更发现了一件大木函,打开木函,里面还有一层内木函,四面彩绘金刚力士,再往里看,内有一座珍珠舍利宝幢,一米多高,实为多种工艺技法制成的稀世珍宝。金丝编就的九头龙颜色已经发乌，宝珠依旧有光。学生们就把宝幢拆成几段，脱下衣服包裹起来丢下塔楼，人再沿避雷杆下来。这件摔坏的文物后经苏州市工艺美术研究所修复并复制成功，由市博物馆珍藏。市文管会在塔心又发现了五代手书经卷和北宋木版经卷等，而经卷外也由刺绣经袱包裹着。《文物》杂志 1979 年第 11 期介绍，其中“尚有裹盛经卷的少量散落的经帙残物和刺绣经袱”，“经我们初步清理和鉴定，其时代确定为五代和北宋初期”。经袱也以罗为地料，绣着图案形花草，针法有斜缠、接针等。正反面均无线头、线结，花纹一致，但在两叶交接处有跳针，终以年代久远，难以辨认，或许可能为两面针绣，近乎双面绣。

从两座塔的出土文物来看，当时的针法技艺都有了很大发展，已显示出配色和谐、绣面平服、丝缕合理、不露针迹等今天的苏绣特色。绣品的题材是花卉图案和图案花草，莲花本是佛教中常用的象征性花卉，而菱花有着苏州水乡特色。苏州多河港湖塘，多种菱、藕等水生作物，直到现在，农村妇女的服饰上仍绣有菱、藕、荷、莲等图案。这些都生动地反映了早在宋代苏州刺绣的特色已在逐渐形成之中。

五代及宋，太湖流域战乱较少，南宋王室的避难南迁，使全国的政治、经济、文化中心也随之南移，而在王室南移相对稳定偏安的形势下，对江南的物质文化生活提出了更高的要求。这些都促进了苏州工艺美术的发展。

宋政和三年（1113）苏州升为平江府。据王謇《宋平江城坊考》吴中故市考，附物产小识，当时苏州城内有米行、丝行、制造衣帽冠带、绣线、金银首饰、胭脂花粉、箫管乐鼓等几十种行业，每个行业都有其形成的集中处所，一些坊巷因此以行业题名。除了专为刺绣制作丝线的“绣线巷”外，还著录了“绣衣坊”、“绣衣坊巷”、“绣锦坊”、“锦绣坊巷”等坊巷名称。其中绣锦坊，则是大市，疑为刺绣织锦市集。就在宋代那灿灿的刺绣织锦集市上，有多少锦绣物品陈列在这里交流，有多少南来北往客在此挑绣品。刺绣品已作为商品在市集上出售，苏州刺绣生产的盛行以及苏州绣品上市大大早于明末顾绣庄的商品绣。

这时的苏州“风物雄丽为东南冠”，已逐渐赢得“天堂”之美称。宋范成大《吴郡志》中记：“谚曰：‘天上天堂，地下苏杭。’又曰：‘苏湖熟，天下足。’唐时，苏之繁雄，固为浙右第一矣。”至元代奥敦周卿在［双调］《折桂令》中经艺术加工，称：“春暖花香，岁稔时康，真乃上有天堂，下有苏杭。”从此，“上有天堂，下有苏杭”名播四方。苏州的歌舞升平，给刺绣带来了良机。这时的苏州刺绣也受工笔院画的影响，在刺绣上表现为精细，在色彩上也力求精妙有光彩，刺绣用线也擘绒取丝，针法已有套针、齐针、戗针等，使绣面细密匀整，色彩柔和。当时以花鸟绣为主。朱启钤《丝绣笔记》中说：“宋绣所用针为朱汤所制，大三分以制衣，小三分以作绣。”根据不同用途而有不同规格的针，针细小才能绣出绒细密。苏州的花鸟绣已细腻地分擘丝绒，逐层施绣，来表现花鸟的色彩层次和叶瓣的正反质感。

苏州文震亨（明代文徵明之曾孙）在《长物志》中称：“宋绣针线细密，设色精妙，光彩射目，山水分远近之趣，楼阁得深邃之体，人物具瞻眺生动之情，花鸟极绰约嚵唼之态，佳者较画更胜。”这是对宋代苏州刺绣艺术品的评价，描述其用针、用线、配色及刺绣技艺所达的艺术效果。题材已有山水、楼阁、人物、花鸟，十分丰富，而且苏绣在这些方面都反映出极好的艺术表达能力。绘画艺术已和刺绣艺术紧密结合在一起。画入绣，绣似画，而佳者较画更胜。从周代的“绣缋共工”到宋代的画绣结合，苏绣的特色已受绘画的影响，吸收绘画艺术的特点而形成自己的特色。

五、江南秀色染层林

刺绣在宋、元两代受到我国北方女真、蒙古族的影响，在服饰上用金成为一时风尚。虽然北宋大中祥符元年(1008)诏禁用金彩及盘金、织金、金钱，但禁而不绝。当时有销金、镂金、间金、钱金、圈金、解金、剔金、捻金、陷金、明金、泥金、榜金、背金、影金、阑金、盘金、强金、金线等18种。刺绣中加以金彩，使绣品益见富丽。当时有条件的无不以金为饰，除了织物中用金外，还在刺绣中用金。

故宫博物院曾展出元至正二十六年(1289)绣的《妙法莲花经》，绣经文10752个字，经的首尾还绣有佛头和护法，使用针法颇多，特别是大量用盘金、泥金、钉金箔等，用色达14种，是珍贵的元代绣品。

元代虽不满百年，但在《元诗别裁集》中就有多处谈到刺绣：萨都剌的“绣衾不暖锦鸳鸯”，胡天游的“珠帘绣箔深深见”，张宪的“绣鞍宝勒生光辉”，杨维桢的“绣靴蹋踘句骊样”，柯九思的“绣枕魂清疏雨暮”等，都是明证。

在内蒙古自治区集宁市附近的元代集宁路故城遗址，曾发现元代窖藏的一批丝织品，其中刺绣夹衫，在两肩及前胸部位均以刺绣装饰。还有一幅表现人们游乐的《湖舟图》。这些刺绣所反映的活动情景具有江南地区刺绣的特点，也表现了江南地区的景色，很可能是江南地区绣工制作的，或是由北方官府工场中来自江南的绣工所绣。田自秉教授在《中国工艺美术史》中陈述这段刺绣时指出："由此可知苏绣的悠久历史和深远影响。"

元末张士诚据苏为王，留下了不少陈迹和传说。1964年，在苏城南郊发现的哄传一时的"娘娘墓"就是吴王张士诚的母亲曹氏墓。其中出土"残刺绣品 4 件，金线绣梅花百吉花鞋 1 双"。(见苏州市文管会、苏州博物馆《苏州吴张士诚母亲曹氏墓清理简报》)这残绣 4 件，系明显的罗地衣裙的残边，上面各绣四龙，相向而行，龙之间有云纹，整个构图均衡，形象生动。使用的针法已有接针、绕针、施毛鳞针、铺针、扎针、正戗、反戗、平套、打籽等 9 种。从这些针法特色看，这绣裙是苏州的产物。

明代高濂的《燕闲清赏笺》曾评说："元人之绣，便不及宋。以其用绒粗肥，落针不密。且人物花鸟，用墨描画眉，不若宋人以绒绣眉，瞻眺生动，此宋元之别，以其眉目辨也。"从元代出土绣品来看，此说法似欠公正。只能说元代刺绣，带来了北方刺绣上用绒粗肥的影响，但只是部分受影响，各地刺绣产区的绣品，仍是以其传统技艺在绣制，即使是原北方的刺绣，也受到中原、江南地区的影响而有了提高。

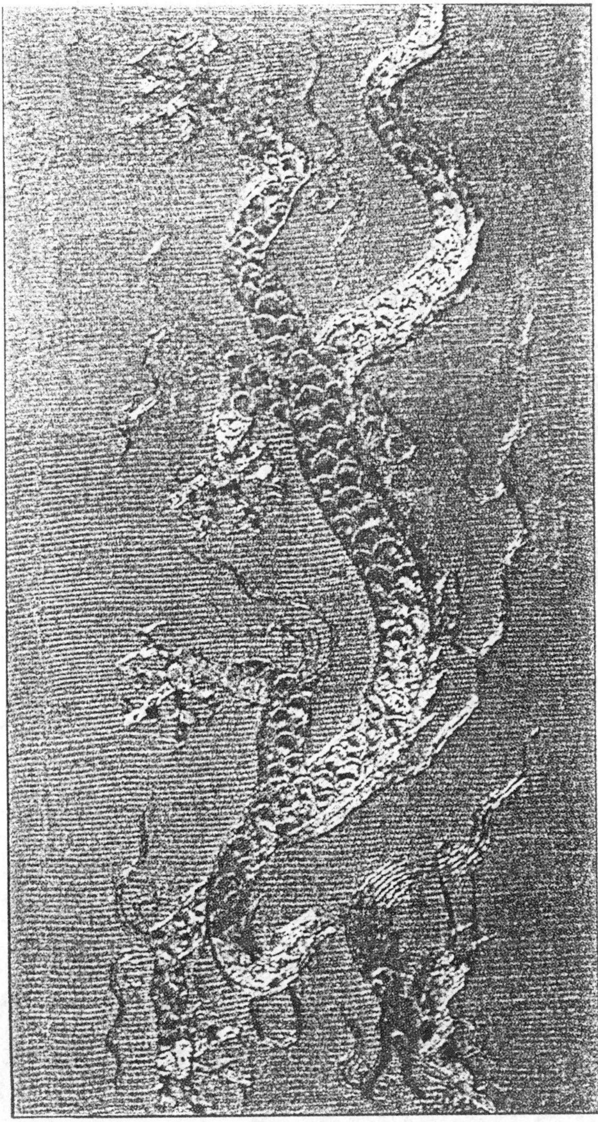

元代苏州张士诚母曹氏墓出土的刺绣裙残片

当时北方是“洒线绣”，以方目纱或直径纱作为绣地，用彩色丝线双股合拈而成，数计孔目，按孔目穿绣小几何花纹为地和较大的主花，不露一点底子，或在打好几何地的料上再绣铺绒主花，所以又称“穿纱”、“满地绣”。

在明中叶和清初，我国北方，如北京、沈阳还有一种辑线绣。其特点是用硬如铁丝的包梗线圈钉出花纹轮廓线。钉线和圈金绣相同，但辑线绣只钉轮廓，不再用绒丝绣花纹内部。一般绣作服装及佩饰等生活用品。在山东有“衣线绣”，所用的绣线大多是较粗的加拈双股丝线，俗称“衣线”。故宫博物院藏有传世品山东鲁绣荷花鸳鸯图轴，设色浓丽，绣线较粗，花纹古朴，绣工平整，耐磨力强，具有浓烈的当地民间艺术特点。

有比较才能有区别。与以上我国北方绣的几种绣法相比，更可以分辨出江南苏绣与此绝不相同；苏绣与北方绣相比，则更显示出江南秀色的苏绣艺术。

在明代李诩撰的《戒庵老人漫笔》中，有一则元代苏州绣《端阳竞渡图》的记载：“元黄振鹏（一作震明）赐号孤云居士，绣《端阳竞渡图像》，如白描，甚精妙。大德九年作，在苏州张家。”元大德九年为 1305 年，系元代中叶，所绣《端阳竞渡图》，如白描，完全是以刺绣线条构成的图像，可以想见其精细神妙的刺绣所表达出来的秀丽画面。从三国时绣《山川地势图》到元代绣《端阳竞渡图》，苏州的刺绣一脉相承，刺绣日用品和刺绣艺术画幅时有所闻。这样，经过宋元到明代的时候，苏绣就以自己独具的地方特色而称誉天下。

吴中刺绣甲天下

明代苏州商贸文化空前繁荣。中国的资本主义开始在苏州这块肥沃的土地上萌芽；人间天堂出现了“明四家”的吴门画派；小桥流水人家传出的昆曲风靡全国；历经千余年的刺绣也于此时成熟并形成了自己的风格。

刺绣历史上，山东鲁绣有“齐郡世刺绣，恒女无不能”之说；河南开封汴绣在北宋时曾显赫一时，《东京梦华录》称它“金碧相射，锦绣交辉”；上海露香园顾绣在明代曾“名震天下”。但后来由于所处产地社会环境的变化，都已逐渐退步。

苏绣由于得天独厚的天时地利人和诸因素，一经创始就未中断，日臻完美，在明代已明显形成苏绣的艺术风格。至近代与苏绣并列的有粤绣、湘绣、蜀绣，后被称为中国“四大名绣”。“四大名绣”中又以苏绣最著名。

让我们通过苏绣生存的环境，来认识苏绣形成了什么样的艺术风格，以及苏绣所拥有的规模和甲天下的成就。

一、精细雅洁称苏绣

朱元璋建立明朝,因厌恶元代外族服饰,令恢复汉族装饰。《明史·太祖纪》:“诏衣冠如唐制。”蒙古之俗,有辫发,有胡服,明初改之以束发于顶,圆领束带。《明史·舆服志》载,洪武二十四年(1391)定制,“公、侯、驸马、伯服,绣麒麇、白泽。文官一品仙鹤,二品锦鸡,三品孔雀,四品云雁,五品白鹇,六品鹭鸶,七品鸂鶒,八品黄鹂,九品鹌鹑;杂职练鹊;风宪官獬豸。武官一品、二品狮子,三品、四品虎豹,五品熊罴,六品、七品彪,八品犀牛,九品海马。”朝廷命妇“公侯及一品、二品,金绣云霞翟文;三品、四品,金绣云霞孔雀文;五品,绣云霞鸳鸯文;六品、七品,绣云霞练雀文。大红衫,真红色,一品至五品,纻丝绫罗;六品至九品,绫罗紬(绸)绢。霞帔二条,各绣禽七,随品级用,前四后三。”这是朝廷官服的刺绣需求。其中一部分就由苏州绣工刺绣。

早在元至元十七年(1280)就有宫廷特设的织染局置于苏州平桥南。《元史·镇海传》:“至元十七年,世祖设东西织染局于苏杭。”至正年间(1341—1368),苏州织染局又在宋提刑司旧址改建。明洪武元年(1368)移建于天心桥东,集中织工绣匠专为朝廷织绣卤簿仪驾和皇室服饰,朝廷特派官员来苏督造。设采办刺绣宫货的织造馆于女冠子桥西。江南三织造中,苏州织造局规模最大,有房间 245 间,设织机 173 张;嘉靖二十六年(1547),在局各种人匠 667 名,其

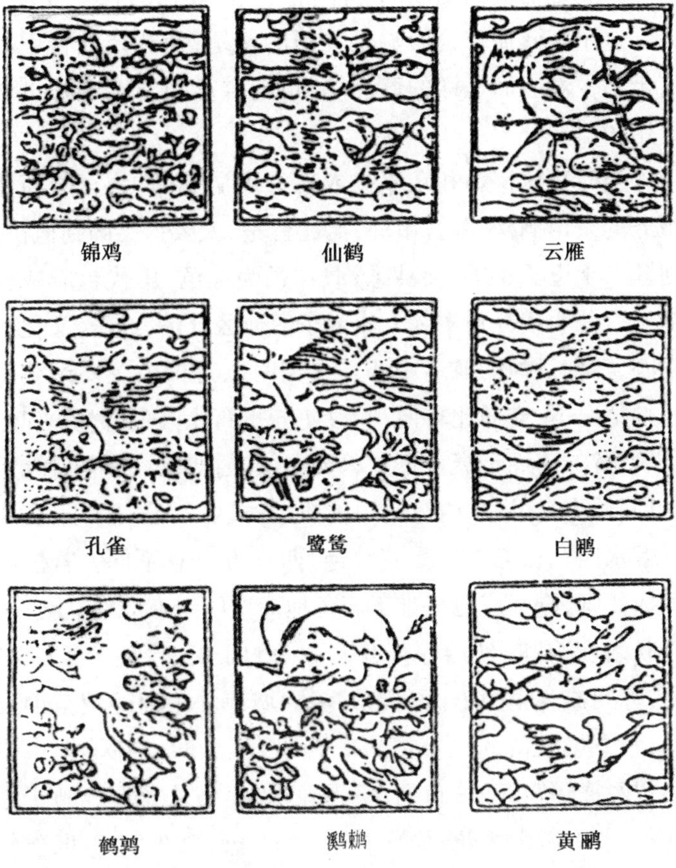

明代补子图案(文官)

中有染手、结综、掉络、牵经、画匠、绣匠、织挽匠及各类管理人员。

除了官办外,苏州民间织绣也非常兴盛。明嘉靖、万历年间,东北半城已形成丝织手工业的专业区,机户数千户;大量的绣件通过绣庄分散给四乡的刺绣女工绣制。因此,当时为朝廷需要而绣制的绣品自然就以高档的奢侈品为主了。这个宫廷需求也影响了苏州的刺绣,使苏绣的日用品富于艺术性。而这样的商品绣,也适合苏州富豪的陈设和日用的需要。

当时官宦富绅和众多文人也喜寓居苏州,为官绅商贾服务的茶馆酒楼、客舍市肆,比比皆是,人云:“吴阊到枫桥,列肆二十里。”民国《吴县志》载:“吴为大邑,历代台府咸驻节于此。”明代苏州实际上成为东南地区政治、经济、文化的中心,江南运河的航运中心。在当时以舟楫为主要运载工具的情况下,交通比较便利,致使苏州商业繁荣,贸易兴旺,自唐至清,盛而不衰。正如唐寅在《阊门即事》中所描述的:“世间乐土是吴中,内有阊门更擅雄;翠袖三千楼上下,黄金百万水西东。五更市贾何曾绝,四远方言总不同。若使画师描作画,画师应道画难工。”各地商贾纷纷在此建立会馆,以联络乡谊和居停经商,有案可稽的工商、仕商会馆达47所,苏州成为全国工商会馆最多的城市。工商经贸空前发展,各方想致富的人都聚集苏州,以至于时人在笔记中描述:“阊檐辐辏,亭馆布列,略无隙地,舆马从盖交驰骋于通衢;水巷中游山之舫、载妓之舟,鱼贯于绿波朱阁之间,丝竹讴舞与市声相杂。”“今天下之称繁荣者,毋若吴。”这就是苏绣形成的苏州生活环境。

这种生产环境对于苏州刺绣的需求是显而易见的。因为私人手工业的刺绣加工,是一种商品生产,它的发展取决于市场销售情况和获利的多寡,所以一些满足于当时社会需要的物品的生产,就显得特别兴盛。富豪和文人对刺绣品的需求，使苏绣确定了它的服务对象和思想内涵，也确定了它的表现方式和技艺的施展。

苏绣的形成，当与苏州的文化艺术分不开。明、清两朝江苏进士约 6000 人，其中吴地约有 4690 人，占江苏进士人数的 73%。明清吴地殿试第一名的状元即有 35 名。苏绣受当时文人的影响，带有诗情画意的韵味。一些闺阁小姐因新郎是文人雅士之属，所以手中的绣品也以风雅为上。富户人家的被面、帐沿、椅披等绣品，都反映了苏绣图形秀丽、色彩文雅、针刺细密、绣面整洁的传统特色。

“绣缋共工”，绘画艺术对刺绣的影响更为直接。据徐徵编著的《吴门画史》统计，自三国至清末民初，苏州市区有书画家姓名及传略的达 1220 人，其人数之多为全国省辖市之首。明代“吴门画派”影响深远，近代画家潘天寿曾赞誉：“直使清代三百年之山水画，全属此派范围之下，其情况真有不可一世之概。”这使苏州刺绣的绣画达到更高的艺术水平。这时的刺绣工艺正以专门追求书画效果的绣画、绣字为时尚。苏州刺绣以各色丝线在各种丝织物上表达绘画的精神，运针如笔，针刺纤细如毫发，能以多种针法熟练地绣出各类精致日用绣品和艺品。绣品也自然含有苏州文化艺术的丰富内涵，逐渐形成了苏州特色的刺绣。

明代正德年间（1506—1521）昆曲在苏州昆山兴起，促使苏州制作剧装戏的行业也兴盛起来，文化艺术与刺绣艺术相互促进，共同发展。袁宏道在他的《迎春秋》中描述：“梨园旧乐三千部，苏州新谱十三腔。假面胡头跳如虎，窄衫绣绔捶大鼓。金蟒缠身神鬼妆，白衣合掌观音舞。”真实地记载了窄衫、绣绔、金蟒、白衣等剧装戏衣。

由于昆曲的流行，苏州的乐器制作也相应发展起来。在苏州同时期还有着品种多样的其他工艺美术品生产，如花线、金钱、缂丝、宋锦、苏扇、玉雕、木雕、灯彩等民间工艺，反映着当时特定的时尚风气和文化精神，都得到了长足的发展。明代莫旦《苏州赋》中说："其风俗人才之美，礼仪文物之懿，又非前代所能及焉。"引述物产则："纱罗绫纻，五彩陆离；蟠龙绣纹，贡于宸居"；"至于蜡笺画笺，彩线绣线，类各不同"。品种多样的工艺美术品，它们在题材、技法、色彩、装饰等方面有着千丝万缕的联系，起着相互促进的作用。现苏绣风格的形成，自有其苏州文化艺术方面的深厚底蕴。

工欲善其事，必先利其器。飞针走线绘锦绣，小小绣花针也至关重要。苏针"坚而不脆"，针身匀圆，针尖锐利。苏州坊巷中有"邵磨针巷"者，大概就是因当年该处邵姓制针作坊而得名。

锦心欲度金针巧，妙手先分彩线长。花线的色彩优劣，直接影响着绣品的好坏。常言五颜六色，五光十色，而苏州花线可染一百多种色彩，一种色彩又可分许多色阶，而且纤维细致透明，抱合好，拉力强，能劈丝分缕，直至一丝一缕，都具"光、滑、细、柔"的特点，使绣出的绣品平薄匀，和色无痕，精美细致。

苏州"日出万绸，衣被天下"。著名的"吴绫"、"苏缎"，色泽艳丽，平服光亮，轻软滑爽，质优耐用，为苏州刺绣提供了上好的原料，经过刺绣点缀，更加精致高雅。苏州利用地方特产原料发展副业，既无采购贩运之困难，又可随时染织，选配各色原料，使苏绣的生产大有可为。

同时，由于“一条鞭”法的实行，将丁役土贡等悉并于田赋，计亩征收银两，农民都要把许多东西变成商品后才能换银交赋，因此苏州地区的手工业和工商业都有较大的发展。这时的农村妇女就尽力利用针黹刺绣加工绣品，并拿到市场上出售，增加货币收入以交赋税，刺绣品也因此成为商品在市场上流通。苏绣作为商品绣而确立了其应有的地位。如果说原来的“户户养蚕，家家刺绣”是农村习俗自给自足的话，那么此时的家家刺绣中又增加了纯粹为他人作嫁衣裳的刺绣商品的性质。

苏州的纺织机工已有按日计酬，分有技术的工人和一般的工人、出租机台和使用机台、固定工人和雇佣工人。反映在刺绣业，就是这个时期出现的绣庄。绣庄主经营绣品，绣工按件计酬。绣品成为商品绣得到了大批量的生产，这是苏绣形成和发展的一个重要标志。

当时的苏绣形成了什么风格和特点呢？明代王鏊在他主编的《姑苏志》卷十四中写道：“精细雅洁，称苏州绣。”王鏊，成化（1465—1487）间乡会试第一，正德（1506—1521）初累进户部尚书、文渊阁大学士，博学而有识鉴。苏州地方志中以文字形式正式确认了“苏绣”的风格特色。这是“苏绣”绣品的形成，也是“苏绣”概念的形成，其特点就是“精细雅洁”。这是明代的苏绣特点，也正是今天苏绣的风格。当然，今天的苏绣保持和发扬了精细雅洁的本质，并在传统的基础上又向前大为发展，提高了技艺，开发了新的产品，艺术也更加完美了。

精细,谓精致细密。精致,是工美的情趣;细密,是思辨的精微。精微,足以穷幽则深;细密,乃以精致臻丽。雅洁,谓雅致纯净。雅致,是风雅的意趣;纯净;是脱俗的洁净。高雅、儒雅在此融汇;高尚、文明在此凝聚。这是物质的,又是精神的。

精细,本是刺绣的基本要求之一,绣花针被喻为精细的一个特征;精细如画,是画绣结合的体现,是刺绣技艺的反映。雅洁,则是刺绣素质的艺术表现。雅,娴雅也,文雅,美好大方;洁,清也,修治也,干净,清洁,洁白。精细雅洁,来源于吴文化方方面面的熏陶。就其人的性情而言,苏州妇人的委婉、缠绵、精细、灵巧,自然而然地融入了吴文化的特质,在其日操夜作的女红刺绣过程中,化作千针万线,无不精细雅洁。

精细,是技艺的反映;雅洁,是艺术的追求。精细雅洁,既是一种物质的表面观感,又是一种精神的人文内涵。苏州人也处处以精细雅洁的要求生活和工作着。于是便有了吴门烟水、雨打芭蕉的园林章回,小巷水港、枕河而眠的深深庭院,说噱弹唱、表演细腻的苏州评弹,色香味形、诱人垂涎的苏式菜肴。工艺美术亦多奇多巧,精致绝伦。

苏州环境清静,湖山毓秀,人具性情而心细,安居而巧思。大家闺秀在楼阁无事消遣,就以刺绣为伴,绣嫁妆,绣礼品,女红刺绣几成女性的必修课,形成了精细雅洁的闺阁绣。明代长洲(今苏州)人王犨《寓圃杂记》中引了一首沈通理的绣鞋诗:“几日深闺绣得成,着来便觉可人情。一弯暖玉凌波小，两瓣秋莲落地轻；南陌踏青春有迹，西厢待月夜无声。看花又湿苍苔露，晒向窗前趁晚晴。”把闺秀女子细心绣成的绣鞋描述得活色生香，这便是苏州闺阁绣特色。乾隆《吴县志》风俗卷说得好：“城中妇女习刺绣……刺绣工巧百出，他处效之者莫能及也。”

晚明王士性对苏州人了解得很透彻，他分析说：“姑苏人聪慧好古，又善操上下进退之权。苏人以为雅者，则四方随而雅之；俗者，则随而俗之。”苏州人由于自然环境和物质精神文明条件使然，时尚精神高雅超逸。这种时尚和追求，这种氛围，也无不对刺绣有所影响，并成为刺绣的一大特色。刺绣精工细作，色彩淡雅文静，绣面秀丽整洁，完全符合苏州人的好恶，而苏人以为雅者，也招至四方随而雅之。苏州之风尚成为天下先，实在是“上有天堂，下有苏杭”的又一注解。

由于苏绣具有精细雅洁的特色，成为颇有名声的手工艺，竟招至布政使雅而好之。有位万历丙辰(1616)进士出身的三原人来复，字阳伯，官布政使备兵扬州，性通慧，除了诗文书画之外，琴棋剑器、百工技艺无不通晓，确是一位才人，惟独不会女红。到了苏州后，他特地慕名而学刺绣，并且比一般妇女还绣得好。《列朝诗集小传》中称他“吴中女红俱叹赏焉”。清王士禛《池北偶谈》也记载了这件事，并有“尤精女红，官吴中时，刺绣之妙，吴中闺阁无能及者”的赞语。苏州刺绣在明代受到布政使的操习，真是苏绣的光彩，而且这位是苏绣史中罕见的刺绣男工，更是难能可贵，不失为一段苏绣女红雅事。

精细雅洁的苏绣，常以名家手笔为粉本，“绣画”和“绣字”，这也是苏州闺阁绣追求书画效果的一个方面。受此影响，苏州近邻出现了以“绣画”而崛起的“露香园顾绣”，成为绣画中的佼佼者，名重一时，对苏绣乃至整个刺绣业都有较大影响，以至世人对苏绣、顾绣分辨不清，似有必要作一专题详述。

二、南宫颠笔化神奇

苏绣，是以苏州地区为中心的刺绣业，是以精细雅洁为技艺特色的刺绣艺术，是以众多的生活日用绣品和闺阁绣艺术品以及为皇室宫廷征绣的各类宫中绣品组成的刺绣品的总称。

千余年来江南一带一直是苏绣的传统产地。明代苏绣在苏州附近的上海地区，形成了一个著名流派，即“露香园顾绣”。“今天下称刺绣为顾绣者，以明代上海顾绣刺绣之名，震溢海内故也。”（徐蔚南《顾绣考》）顾绣起源于明嘉靖三十八年(1559)进士顾名世之家，创始人是顾名世长媳缪氏，名盛于顾名世次孙媳韩希孟，因此又有“韩媛绣”之称（振海子二人，长昉之，字彦初；次寿潜，字旅仙，号绣佛主人。韩希孟为顾寿潜之妾），授徒传艺于顾名世曾孙女顾兰玉。此为顾氏家族绣之脉络。

顾名世因为其兄道州守顾名儒尝筑万竹山房于城北之黑桥，因此也在所居旷地辟以为园。因穿池得一旧石，上有赵文敏手篆“露香池”三字，所以取名为“露香园”（今上海南市区露香园路亦因此得名),故世称其家刺绣为"露香园顾绣"或"顾氏露香园绣",简称"顾绣"。园内有碧漪堂、阜春山馆、积翠冈、露香阁、独管轩、露香池等景致,池大可十亩,广植红莲,并有潮音庵,供观音大士像。徐蔚南《顾绣考》称:"园有嘉桃,不减王戎之李;糟蔬佐酒,有逾末下盐豉;家姬刺绣,巧夺天工。露香园及嘉桃、糟蔬、刺绣,乃由座上佳客之逾扬,而名震天下矣。尤以其刺绣,口碑皆是。"这是以刺绣人物像为主的"闺阁绣"。

"露香园顾绣,据称得之内院,其擘丝细过于发,而针如毫,配色则亦有秘传,故能点染成文,不特翎毛花卉,巧夺天工,而山水人物无不逼肖活现。"这是徐蔚南在作顾绣考证时探得的顾绣之技能由来。高伯瑜指出:缪氏为缪瀙,吴人,少时寄食在田宏寓家,随其女田瑜学绣,后田瑜入宫,艺益精,缪瀙每为之代绣。姜绍书《无声诗史》云"顾氏刺绣,得之内院",就是指这一史实而记载。明代的刺绣,北方流行的是洒线绣、辑线绣,与缪氏气韵生动的人物绣风格相异;江南流行的苏绣,精细雅洁,绣人物、花鸟,无不较画更胜。缪氏就是在苏绣基础上加以发挥而创始了"顾绣"。清戴有祺咏"露香园缪氏绣佛"诗中有这样的描述:"须眉老少各不同,笑语欢然并超忽","青莲花下扬灵旌,微风过处欲飘举",所绣作品如此地深刻和生动,只有苏绣才具此绝技妙艺。

至顾名世次孙媳韩希孟时,顾绣发展到最高峰,世称"韩媛绣"。因为韩希孟的丈夫顾寿潜曾以董其昌为师学画,别号绣佛主人。韩希孟本人也工画花卉,尝临摹宋元名迹入绣,使画理与刺绣融为一体,穷数年之心力,建立了以画绣形式为主的顾绣,因被世人称为“韩媛绣”。所摹绣的古今名画,尤为精妙,经董其昌的题咏,声誉倍增。董其昌为明代书画家,官南京礼部尚书。其书法自谓于率易中得秀色,其分行布白,疏宕透逸,对明末清初书坛影响很大;其山水画,讲究笔致墨韵,画格清润明秀,画论上标榜“士气”,推崇“南宗”为文人画正脉,对画坛亦产生极大影响。韩希孟曾于崇祯七年(1634)春,摹绣宋元名迹8幅,汇成方册,董其昌见后欣然逐幅在绣本上题词。这套《宋元名迹方册》十分有名,现藏于故宫博物馆。这8幅题赞如下:

第一幅《洗马图》,题曰:“一鉴涵空,毛龙是浴。鉴逸九方,风横喷玉。屹然权奇,莫可羁束。逐电追云,万里在目。”

第二幅《百鹿图》,题曰:“六律分精,苍迪千岁。角峨而斑,含玉献瑞。拳石天香,咸具灵意。针丝生澜,绘之王会。”

第三幅《女后图》,题曰:“龙衮煌煌,不阙何补。我后之章,天孙是组。璀璨五丝,照耀千古。娈兮彼姝,实姿藻黼。”

第四幅《鹑鸟图》,题曰:“尺幅凝霜,惊有鹑在。毳动氄张,竦时奇彩。啄唼青芜,风摇露洒。啼视思维,谁得其解。”

第五幅《米画山水图》,题曰:“南宫颠笔,夜来神针。丝墨盒影,山远云深。泊然幽赏,谁入其林。徘徊延伫,闻有啸声。”

第六幅《葡萄松鼠图》，题曰："宛有草龙，得之博望。翠幄珠苞，含浆作酿。文鼦睨之，翻腾欲上。慧指灵孅，玄工莫状。"

第七幅《扁豆蜻蜓图》，题曰："化身虫天，翩翾双羽。逍遥凌空，吸露而舞。荳叶风清，伺伏何所。影落生绡，驻以仙组。"

第八幅《花溪渔隐图》，题曰："何必荧荧，山高水空。心轻似叶，松老成龙。经纶无尽，草碧花红。一竿在手，万叠清风。"

其后顾寿潜在韩希孟摹绣的《宋元名迹方册》上题跋记述创作过程云："在女红而刺绣，犹之乎士行而以雕虫见也。然古来称神绝，每自不朽，乌在针丝位中，不足千秋也者！廿年来，海内所以珍袭吾家绣迹者，侔于鸡林价重，而赝鼎余光，犹堪令百里地无寒女之叹。第五彩一眩，工拙易淆；余内子希孟氏别具苦心，常嗤其太滥。甲戌春，搜访宋元名迹，摹临八种，一一绣成，汇作方册。观者靡不舌挢手舞也，见所未曾；而不知覃精运巧，寝寐经营，盖已穷数年之心力矣。宗伯董师，见而心赏之，诘余：'技至此乎？'余无以应，谨对以寒铦暑溽，风冥雨晦，弗敢从事，往往天晴日霁，鸟悦花芬，摄取眼前灵活之气，刺入吴绫。师益诧叹，以为非人力也，欣然濡毫，惠题赞语……时在崇祯甲戌仲冬日，绣佛主人顾寿潜谨识。"韩希孟复将董其昌题赞和顾寿潜作跋之墨迹一一加绣。经这样绣画、绣字，绣幅更达书、画、绣俱佳绝境界。

顾绣传至顾名世曾孙女顾兰玉时，家道已不如前。顾

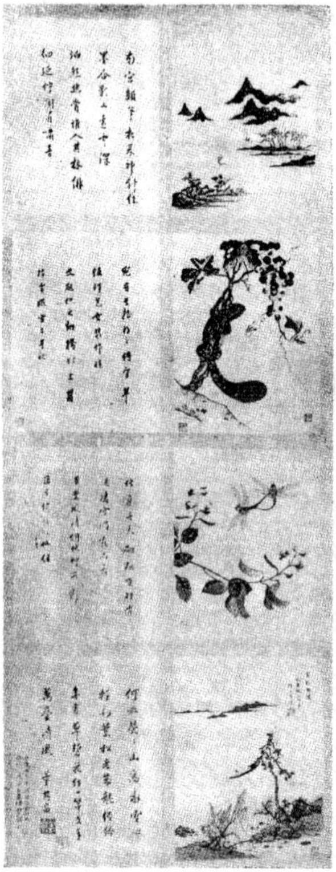

山水图

葡萄松鼠图

扁豆蜻蜓图

花溪渔隐图

洗马图

百鹿图

女后图

鹑鸟图

明代韩希孟刺绣《宋元名迹方册》8 幅

兰玉适禀生张来，年二十四而夫亡，有子方一岁，守节抚孤，家贫以家传针黹营食。以求过于供，遂设帐授徒，号露香园顾绣，这样加速了顾绣在社会上的传播。嘉庆《松江府志》把顾兰玉列为清初才女，说她“工针黹，设幔授徒，女弟子咸来就学，时人亦目之为顾绣”。顾绣价初极贵，尺幅精者值银几两，全幅高大的人物、山水、花鸟画绣幅，价不啻数金。顾兰玉以其三十余年间所传授，顾绣之名，由是大噪，并以绣品上市出售,顾氏作坊的绣品以顾绣的名义流行市场成为商品绣,销售各处,名扬四方。一方面刺绣传自露香园者,固悉称顾绣;一方面工绣者也都称是露香园遗制,以广销售。经营绣品的商品也纷纷冠以"顾绣"或"顾绣庄"的牌号,所以顾绣名声盛极一时。

至清初时,顾绣工巧渐不如前,价亦递减。全幅七八尺者,一金上下;绝顶细巧者,亦不过二三金;若四五尺者,不过银五六钱一幅而已。其绣的作品也偷工减料,其画幅上绣的愈来愈少,只以丝绣出外围,有的地方就是空绣,加以绘色彩补画,如墨描状。嘉庆间(1796—1820),除了绣画幅,顾绣也进而绣衣裙、蟒服胸背及衣袖、佩囊等日用绣品,画幅反而是偶一为之,花样亦以时好。然而传诸四方,人们犹称顾绣。

苏绣与顾绣名称似有不同,实际上本于同源,尤其是基本针法技艺是一致的。两者既有相同点,又有差异处。

相同的是:题材广泛,人物、花鸟等画幅绣品都是以名人文人画为绣稿,针法丰富多样,绣工精细,色彩淡雅。不同的是:苏绣画稿以工笔为主,但也早以国画为绣稿作刺绣,运针走线色和无迹,绣面平匀熨帖,丝缕分明;顾绣选取绣稿常摹取古人名迹,绣法上凡针丝不及之处,便以彩笔接色,追摹绘画效果,将南宫颠笔化为神奇绣画,并又以画补绣,字顺笔势,丝理能恰当表现物象的肌理,细腻逼真,色彩丰富而协调。至后来顾绣在日用绣品方面的大量绣制,则进一步融化为苏绣。任何一种艺术都是相互影响、互相促进的。作为刺绣技艺,苏绣与顾绣也是不同程度地借鉴对方的长处，使两者时有区分，时而相似，若从技艺特点来看，正如苏绣艺人所说："顾绣的画绣就刺绣技巧来看是由苏绣传统技艺蜕化而来的。顾绣在苏绣历史发展的长河中具有承前启后、继往开来之功。"

为什么人们对苏绣与顾绣的概念常混淆呢？除了地理上两者相近为邻，技艺上互为因果外，还因为经营绣品的商品虽然名号"顾绣庄"，实际上经营的绣品很多是苏绣产品。购买绣品的顾客，并不是刺绣行家，很难区分苏绣和顾绣，两绣在群众中自然混淆了起来。苏绣只在明正德年间(1506—1521)《姑苏志》中作了记载，而顾绣则连续几代人宣传扩散，邻近的苏州绣庄首先自称顾绣庄，当时上海、江浙一带，顾绣几乎成了刺绣工艺的通称。苏绣之所以也被人称为顾绣，也是能理解的了。

三、特色经营识绣庄

苏州的绣庄和行业公所，在全国各地的刺绣业中，又可谓独具特色，首屈一指。

苏州刺绣业建立了自己的行业公所，不仅标志着苏绣行业的正式形成和确立，而且表明苏绣行业的兴盛和规模。这在苏州的历史上，在中国刺绣史中，都是值得一记并作一番探索的。笔者将多年积累的资料中的精华部分奉献给大家。

(一) 绣庄

由于苏州是刺绣传统产地，有了绣庄后，各地来苏采购绣货的络绎不绝,更刺激了苏绣的生产。苏绣与顾绣在市场竞争中消长,入清以来,顾氏家族绣渐渐衰亡,而苏州的绣庄却日益发展,并形成了三个主要类型:绣庄业、戏衣行头业、零剪顾绣业。

绣庄业的出现,是由于官方在苏州设立织造局以后,为了给皇室绣宫货而形成、发展起来的。如苏州王枢密巷的广源绣庄,在北京设有京庄,直接通过苏州绣庄为北京提供送进皇宫的绣品。苏州织造局平时所挑绣匠仅数人,远远不能满足朝廷的需要,因此织造局管理人员常将绣品分发各绣庄、包头、中人,由他们再发放给广大绣工。如天成永、蔡恒生、黄恒生等即是有代表性的绣庄,主营蟒袍、霞帔、箭衣、外套、被褥等云龙宫货,还经营喜庆礼赠的高档民用绣品,如女披、红裙、椅披、被面,以及立轴、屏条、册页等艺术欣赏品。绣庄业户数最多,资金较充裕,因此后来带头集资建锦文公所和绣祖庙。

戏衣行头业是在戏剧流行的情况下形成的。明代昆腔兴起,继而昆剧盛行,促使苏州制作剧装戏具的行业也勃兴起来。戏衣绣庄俗称"行头店",主要是经营戏衣剧装行头。旧时店门口四块双面店招,写"全副行头"、"文武戏衣"、"改良蟒袍"、"神袍旗伞",这是专以戏衣为主业的店铺叫班货店。另一种店招书"僧衣道袍"、"轿衣礼服"、"庄严桌靠"、"寿衣衾枕",这是以宗教迷信用品为主的客货店。班货店有私房货与官众货的分档。私房货是专为著名演员而备的,式样定制,考究精工。官众货是一般大路货剧装,由各戏剧老板采办,销路较广。杨恒隆、尚太昌、唐云昌等都是正宗的班货店，资金较足，为戏衣业之冠。

零剪业又称零剪顾绣业，开始利用零料进行刺绣加工，以廉价收进零头料子，经加工后转手出售，本轻利厚；后来凡是做大件绣品以外的绣品都由零剪业来经营，借重顾绣名望而称零剪顾绣业。经营的主要是人们日常生活所需的小件绣品，如肚兜、鞋面、刺绣滚条、小孩衣等商品绣，同绣庄业后期经营的品种和性质相似，因此该业是顾绣庄的承袭和发展，如同春祥、瑞康、宏元等几家。

除了按以上三大类型划分外，苏州刺绣业从不同角度具体细分还有其他一些刺绣会员户。一种是绸缎帮，当绣品发展成商品绣在市场上畅销时，一些原来经营绸缎的商店便因势利用原料兼办刺绣品，如乾泰祥、同仁和、天祥等都参加吴县锦文绣业公会。乾泰祥福记的绣品曾在 1926 年美国费城赛会上获甲等大奖。另有两类是历史较短的：一类是主要经营出口业务的“洋庄”，根据国外市场所需而组织绣制一些绣衣、靠垫等绣品，如源昌、德源等绣庄；还有郁聚兴、薛裕泰、正泰、吾顺兴等是估衣兼做洋庄，正源祥、瑞源祥是零剪兼营洋庄。当时出口都是经过上海华成、华新等公司转香港出口，销往美国和南洋一带。还有一类是租赁，为结婚需用服务，如古市巷的顾三星、景德路的陆五房、观前街的万华等。

苏州绣庄不同于苏州其他的手工业作坊，不都是前店后坊，也不是手工业工场，大多只是中间商，起一个发放（将绣件分发给绣工，待绣成后收回，俗称“发放”）、销售的中介作用，因此亦称这些单纯搞发放的中间商为行头、包头。绣庄内先将要刺绣的品件剪裁成各种式样，或将整匹料剪裁成一段段块料，由作画工（有的自备画工）画花制样，然后由绣工来领取料子，配给所需的各色绣花线，由女工带回家刺绣。女工均在家，一家一户地分散刺绣；其学艺又是母授女，嫂教姑，不用出去拜师求教，刺绣纯粹是家庭副业。

民国实业部国际贸易局在进行调查后写的《中国实业志·江苏省》中说："刺绣为苏州妇女之特长，民间妇女类能操是业，而尤以农民家庭为多，往往于农暇之时，向顾绣庄领取绸缎绒线，尤以浒墅关、木渎、光福及香山一带为甚，故与农村副业有关。"这是绣工向绣庄领料加工刺绣，也有一些是中间人（俗称"放生活"）背了绣件包袱走四乡分发绣件到各家的。他们对于某妇娴于何等工作，以及各女工之有无暇时之情况，了解得很清楚，因此发放绣件是有的放矢，因人而施的。至绣好后就收回绣庄，按手工之繁简、花样之轻重、质量之好坏酬以工资。绣庄再将绣成之绣片销售。绣庄只是在购买原料、配备绣线、画花制样、发放绣件及销售等方面进行经营，具有中间商性质。

近代学者彭泽益在《中国近代手工业史资料》第三卷中将此列为我国中人制的典型："在中国工业中，吾人欲择一实例，以为研究中人制之用者，苏州之刺绣工业最为适当。"只有戏衣业从设计图案、剧装款式到发放绣片、成合加工，都是自己一手操办到底。这些都是有店面、有作坊、有账房、有伙计或学徒的。小一点是夫妻老婆店，既是发放者，又是销售者。

无论是绣庄业、零剪业、戏衣业，就刺绣而言，基本上都是在绣庄外进行的。绣庄只是同手工艺制作紧密相联的店铺，但又区别于那种批发零售的商业店铺，不是仅仅收购成品出售的商品，也不是自产自销的商店，与一般的工商店铺有所不同。绣庄有着自己的特点。

刺绣业又相对地集中。清末，苏州绣庄大都集中在阊门皋桥附近的东中市、西中市、汤家巷一带。“同治甲子(1864)，郡城克复。吾邦之业绣者，日渐来归，乃蕃滋于金阊。”(《刺绣业创立锦文公所缘起碑》)如1933年，零剪顾绣业39户会员中，东中市9户，西中市8户，汤家巷12户；戏衣业29户会员中，东中市2户，西中市15户。1949年8月统计的刺绣业71户会员名册中，西中市有18户，汤家巷达21户，几乎是左右毗连，对门就是。正是店多成市，“绣市”之称，由此而来。

当年皋桥附近绣庄门庭若市的情景就似一幅生动的绣市之画，四乡的绣女相互招呼着纷至沓来，带着五彩缤纷的绣成品来交货，然后拿着新的绣件回去刺绣，飘然四散于苏城内外家家户户的绣绷前。绣庄成了绣女聚散交流之处。

（二）苏州刺绣业行业公所

行业公所，是中国封建社会商品经济发展到一定程度时产生的一种工商业者的团体。苏州绣庄业、戏衣业、零剪业这三大类形成的刺绣业在发展到一定成熟阶段，具有一定规模时，便分别建立了自己相应的行业公所。一业有三个行业公所之多，在全国刺绣同行中是绝无仅有的。

1. 绣祖庙和行业公所

绣祖庙与水仙庙为邻，都坐落在醋库巷。水仙庙供奉的是传说中的柳毅，柳毅传书是一段动人的故事。柳毅是否与苏州有关，与本文无关。绣祖庙供奉的是顾名世，顾名世是明代上海进士，同样与苏州无关，却被硬拉到苏州建祠立庙。这是那个年代的民间风俗。

那时各手工行业大都有自己的行业祖师，一般都以本行业中最杰出的能工巧匠为祖师，诸如木工中的鲁班、建筑业中的蒯祥。苏州刺绣已有两千多年的传承，怎么会奉明代居沪上的顾名世为绣祖呢？缘起于绣庄。只因顾绣名声日重，苏州绣庄也纷纷名号“顾绣庄”。与现在哪个产品吃香就一窝蜂打哪个牌号相似。因着这种关系，苏绣行业所设的绣祖庙就以顾名世为绣祖供奉起来，可见民间习俗影响之大。

刺绣业中最早的同业公所是绣庄业的“锦文公所”，创始于清同治六年(1866)。

先是苏州刺绣同业者在清道光年间(1821—1850)建“顾公祠”。苏州《锦文公所顾公祠碑记》载：“顾绣之名，盛行于世，至今垂三百余年，人之业是者，顾其德勿衰，尝考祭法，法施于民则祀之。”“道光年间，吾邦之业绣者，爰各助款，构祠于葑溪，以奉其祀。”“咸丰庚申(1860)，祠遭兵劫”，“同治丁卯年(1867)，西城同业公议，集资购屋于金阊之香橙弄口，始立锦文公所，以为西城绣业奉祀办公之处”，“复露香之旧观，盛新祠之香火”。刺绣业当年捐资创立锦文公所的，有人和瑞、人和震、振源记……翔记，共 65 户绣庄。光绪十八年(1892)，由广源、朱耀记、蔡恒生……徐万泰桂记等 61 户绣庄捐款，把锦文公所迁移至阊门内下塘街 142

号神仙庙西侧。“谨于光绪壬辰年(1892)十二月吉日，移奉绣祖师神像，惟愿同人修身立业，克勤克慎，仰仗神灵呵护，经之营之，日新月盛，将见庙貌巍峨，美仑美奂，善举诸务，次第兴办，神其式凭也明知。”戏衣行头业的行业公所是“霓裳公所”，是以霓为裳，青云兮白霓裳，借唐玄宗时“霓裳羽衣曲”之名声为公所，在官库巷前财神弄8号，因剧装戏衣

零剪顾绣业在小王家巷云华绣业公所供奉的“绣祖”顾名世画像

都是服装，曾仿效裁缝行业认轩辕黄帝为行业祖师。零剪顾绣业的行业公所是“云华绣业公所”，在小王家巷6号，仅供奉顾名世画像。按当时绣庄业最大也最多，有六十多户，三类刺绣业加在一起称一百五十多家还是符合实际的。

2. 刺绣行业公所的职能

刺绣业的行业公所，与一般行业公所有相同处，也有不同处。根据《苏州锦文绣业公会组织章程》称：“宗旨：本公会由苏州全体同业发起组织，以巩固业务信用，增同业福利及交换知识、研究美术为宗旨。”为办理日常事务，设立总务股、经济股、交际股、审查股，处理“本会财产契据及稽核出纳款项并造预算及一年之决算”、“一切交际事务”、“审查业务上改进及会员资格及预算等事”。除了办事员按月酌送薪金外，其余都是义务职。会费，每年按会员营业额总数提拨7‰作为学校经费及恤孤施舍等慈善福利费用，30%为平常活动经费。

行业公所曾为本行业的利益请求政府归并裁减捐税。1909年，苛捐杂税使刺绣业经营受阻，本小利薄的零剪业更是难做生意，遂向有司提出理由书。1909年9月15日的《顾绣业众商理由书》称：“窃惟顾绣一业，均藉女工针黹为生涯，销路本属细微，近年以来更觉滞销，而所用原料均已抽过丝捐、经捐、机捐，绣成之后加以板月捐、出口捐、分运捐、厘卡捐、邮税捐、房捐、巡警灯捐，各项名目已极繁苛。届此米珠薪桂之时，各业均望减捐，若再举办印花税，商困更不堪设想。”“现在苏州省城厘卡林立，胥吏苛扰，流弊百出，且比常镇两府捐税为多，因此客商裹足不前。目下吾业顾绣生意清减，较之光绪初年已十去其四，现开者均属勉强糊口，若定欲实行印花税，非将各项层捐厘卡归并裁减，不足以苏民困。”行业公所以一定的团体形式为民请命，起到了个体工商手工业者代言人的作用。

行业公所的组织在一定程度上限制了竞争和分化，保障了本行业会员的利益。1924 年，苏州刺绣业曾利用组织抵制了光福天锦刺绣公司的成立，排除了竞争者。当时位于吴县光福镇上的徐鸿亭等 8 户绣庄为了扩畅销路，“发起即就原有之绣货庄号改组公司”，“创办吴县光福乡天锦刺绣股份有限公司”，并依法定手续，请县署鉴核批准。吴县知事准予立案，“除批示外合行布告，为此仰商民人等一体遵照”。但当苏州总商会把该公司章程邀绸缎绣业会同审查时，遭到一致否认，认为“该公司第四条语意朦混，合参第八条包围之广，实与敝业根本抵触，前途危害”，请苏州商会拒绝其入会。结果，光福徐鸿亭等创办的天锦刺绣股份有限公司虽然已开了成立大会，但由于刺绣同业的阻抑和反对，也只好停止不办。（见《天锦刺绣公司请求入会案》，1924 年，苏州市档案馆藏档案资料）

刺绣业的行业公所，在当时的社会条件下，为维护本行业的利益，起到了官方所不能起的作用，也起到了绣庄所不能起的作用，在刺绣业中形成了凝聚力，保障了苏州刺绣业的生存和发展。

1942 年，三个绣业合并为吴县刺绣业同业公会，会员共 84 户。1946 年 74 户，1949 年 8 月，会员为 71 户，同年 9 月至 10 月，新创设 10 户，共 81 户。所以，苏绣业即使在改朝换代的大变动中，也没有像其他行业那样“濒临死亡”，而仍是顽强地存在着。苏绣已深入民众生活之中。

苏州绣庄及其行业公所，对于苏绣的形成和发展起了一定的积极作用。绣庄的发放和销售等经营工作，使苏绣得到了进一步普及，得以更快地发展起来；有了绣庄这样的组织形式，促进了苏绣的大规模生产，协调了苏绣的产、供、销；通过绣庄的经营，把苏绣产品销向各处，扩大了苏绣的影响，并使苏绣得到了广泛的流传。

由于有众多的商品绣绣庄，遂使苏州获“绣市”之称。

四、尤以吴闾为绣市

“有清一代，吴市为绣业策源地，故宫廷有织造之官，常驻苏城，以采备绣货贡品之职，上自宫闱，下迄庶妇，以及仕宦之章服，莫不以绣货为章身之彩黻，此苏绣之全盛时代。”这一段是从 1947 年《吴县县商会年刊》中摘录出来的，概括了有清一代苏州“宫货绣”的盛况。

清军以八旗兵马为骨干入关，攻占北京，建立清王朝。清代不仅带来了满族的刺绣服饰，而且以藏传佛教为国教，刺绣佛像极多。乾隆曾说：“兴黄教即所以安众蒙古，所系非小，故不可不保护之。”所以将此教派推崇于宫闱之中，在北京故宫博物院、雍和宫等地方，都有刺绣佛像的收藏。清康熙、雍正、乾隆三代是连续三朝的鼎盛期，因此宫廷刺绣极尽奢华之能事。一般由宫中如意馆画工设计出彩色图案小样，交发内务府及江南织造衙门所属的绣作进行织绣。

苏州仍是宫货绣主要基地。

叶梦珠《阅世编》卷八曰:“一代之兴,必有一代冠服之制。其间随时变更,不无小有异同,要不过与世迁流,以新一时耳目。”明末清初服饰的变更,还在于满族与汉族的服饰原来就有差异。清王朝为了强化统治,下令严禁明代装束,于是清代臣子之冠服,一如满洲之制。满清皇族在服饰方面既保持“国初定制,仍服朝衣”,又借鉴汉之服饰,在服饰思想的内容体系方面则全盘继承了汉族封建体制的衣钵,因而清代刺绣服饰更甚于前。宫廷所需绣品均交由苏州织造衙门所属绣作并发绣工的刺绣业务,进一步刺激了苏绣的发展。

在中国第一历史档案馆中,笔者曾偶尔查阅到一份三织造缴回类,编号124的档案资料。其中有“赴苏发办绣活赁房办公经费款”,记载在苏州曾办“绣局四所,每所租房30间,每月房租银24两,共银96两,计4个月,该银384两”、“收验活计丁书8名”、“管工10名”、“雇用内外更夫8名”、“绣活棚布56匹”、“绣局工匠开工、了工、赶工犒赏每次银120两,计3次,该银360两”。这是一批宫廷绣下达后在苏州专门设立相应的绣局应承刺绣加工的记载,说明宫内绣品确来自苏州,同时使我们知道每次还临时设立绣局专职承办加工刺绣,这是以往从未见到的珍贵史料。殊不知当时小巷深处120间绣房中,曾聚集了多少绣女在此埋头苦干,针起针落,彩线飞扬;管工们忙不迭地前后照看,监工督促;在苏绣女子心灵手巧的劳作下,幅幅件件,锦绣耀目,被整齐装箱从水路押运京城,进贡朝廷。

另见故宫博物院藏光绪年间便袍(编号:故 26/33),系“月白缎绣五彩四季花衬衣面一件”,针法有套针、戗针,内附包装纸一张,印有“苏省垣吉泰蟒袍顾绣庄”、“开设阊门内护龙街祥符寺巷中朝北门面内庄交易”、“凡遇关卡,尊客自纳”的字样。这是苏州绣庄的绣品进入宫内的又一个例证。

献进宫中的绣品究竟是些什么物品呢?各地向皇宫的“进单”是十分珍贵的资料。苏州织造载于乾隆三十三年(1768)七月六日的进单中就有“绣鹅黄缎五彩十二章龙袍成件(随领袖二副全)、绣石青缎五彩四团龙褂成件”的记录。据故宫档案记载,1894 年慈禧为庆六十寿辰,一次就特命苏州织造定制各种服装 135 套,耗费白银三万八千多两。其中仅一件宫属妇女穿的便装裳衣《藕荷绸绣灵仙祝寿裳衣》,就花费四百多工,耗银三百六十多两。这件裳衣为何许样物?形式为圆领、右衽、大襟、阔袖,两边大开裾,直至腋下。在绸面上绣出一撮水仙花、灵芝,还用赤捻金线绣团寿字,寓意灵仙祝寿。绣线劈绒细、色彩柔和艳丽,绣工针脚齐整。

故宫博物院张凤荣还介绍了一件称得上是清代晚期苏绣日用品代表作的《红绸缎百子被》,长 253.5 厘米,宽 195 厘米。这是全部采用苏绣技法绣成的,针法有套针、戗针、滚针、网绣等,配色协调,针法细腻。在红色素缎上用五彩缤纷的丝线绣出神采各异、天真活泼的玩童上百个,每个儿童姿态不一,有的在划船,有的在放风筝,有的还爬到树上,被面四周边沿绣有葫芦,还有用捻金线绣的双喜字。寓意吉祥，子孙万代。这件百子被是用于光绪帝之后叶赫那拉·隆裕大婚时的妆奁品。绣这类绣品的称为“宫货绣”。苏绣因此而呈现全盛。

清代绣百子被面(局部)

皇室宫货刺绣讲究繁琐华丽，加之吴地社会崇尚奢华的影响，使苏州的日用绣品也形成同样的趋向。乾隆、道光、同治三府志中有关整饬风俗的禁令中，就有“三吴风尚，浮华不安本分，胥隶屠沽倡优下贱，无不戴貂衣绣，炫丽矜奇”，“妇女惟宜端庄洁净……何乃衣裙必绣金织锦”，“吴中服饰，男子着油绿衬衫，戴绿小帽，拴绣花汗巾”。就拿妇女

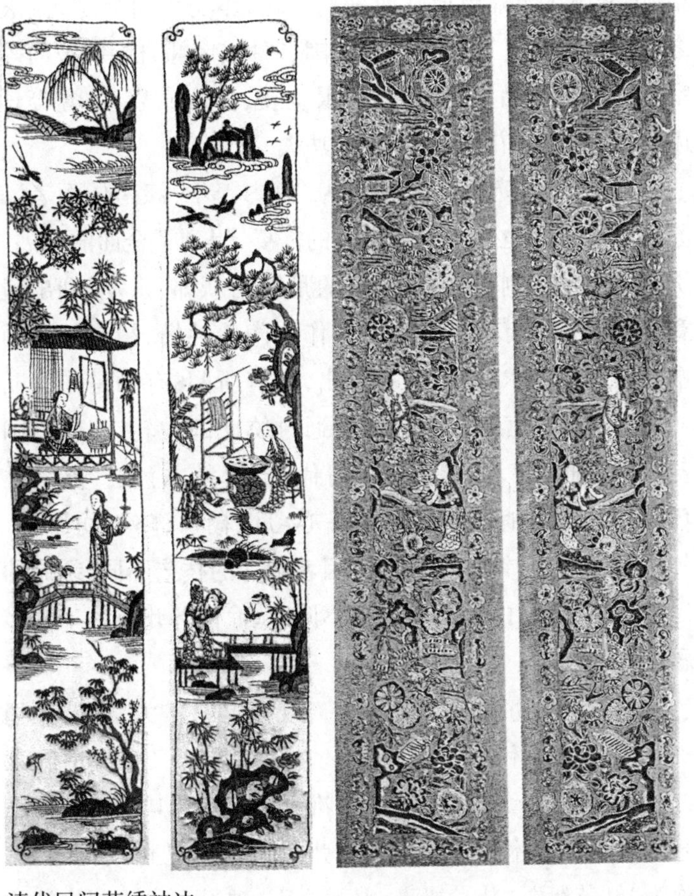

清代民间苏绣袖边

衣裙的镶边滚条来说，就有以十二生肖为主题绣成的上衣袖口边饰。这十二生肖采用戏文及典故构成 12 个有情节的故事，由鼠（苏轼赋鼠）、牛（牛郎织女）、虎（武松打虎）、兔（白兔记）、龙（哪吒闹海）、蛇（白蛇传）、马（昭君出塞）、羊（苏武牧羊）、猴（大闹天宫）、鸡（时迁偷鸡）、狗（杀狗劝夫）、猪(上牧豕)12幅组成。而一衣一裙,本身绸价有定,镶滚之费不啻加倍。此外,门帘、桌围、椅披、床帏、枕套、被面等室内饰装日用品,荷包、扇袋、眼镜袋、鼻烟壶袋、香囊等日用小件,也都是花纹绵绣,不惜功夫。

同时,清代苏沪一带已成为“海内繁华,江南佳丽者”,苏州的刺绣品也顺应社会生活的需要,得到了全面的发展。绣品中除了定制的宫货外,有的是馈赠新郎、亲友,别出新意,巧手精绣;有的是闺阁秀女作为陶冶性情,精心绣出画幅或发绣等艺术绣品,名手辈出,时有所闻;有的是作为贴补家用,赖以生活的商品刺绣,通过绣庄的中转,流转全国各地,精细雅洁,广受欢迎。清代《上海县志》载:“苏绣之巧,写生如画,他处所无。小民亦习以糊口,略与纺织等。其法擗丝为之,针细如毫发。”因着刺绣的技艺不同,绣制的目的不同,绣品的使用要求也不同,从而使苏州刺绣丰富多彩,蓬勃成长。

这时期的苏州工艺美术生产规模又有扩大,玉器业捐资修建行业庙宇的多达830户。康熙、乾隆又多次南巡来苏,建行宫、修园林、布置陈设、准备礼品,使丰富多彩的工艺美术品向艺术之峰攀登。苏州木刻年画已远销日本,被称为“姑苏版”;“装潢能事,普天之下,独逊吴中”;制作精美的木器家具被称为“苏做”;雕刻名手还被请到北京“如意馆”工作;苏绣名家辈出,名作传誉海内外。苏绣已在日用品和艺术欣赏品两方面得到全面发展。

苏州阊门一带最为繁华,所以“吴阊”也成了苏州的代称。在乾隆三十七年(1772)的《吴阊钱江会馆碑记》中,苏

清代苏绣条屏《华封三祝》及清代日用绣品

州就有“绣市”之称：“……衣被几遍天下，而尤以吴阊为绣市”(见《明清苏州工商业碑刻集》)。

苏州为绣市，具体反映在城市的闺阁绣、为绣庄加工的宫货绣及苏城四郊为加工生产的商品绣，由商品而成集市，绣市由此而起矣。“家家有绣棚，户户在刺绣”，这已成为苏州妇女的风尚。

城市的闺阁绣，因为绣者生活条件较优裕，有闲情逸致精心刺绣，也自然可琢磨精巧，追求雅致，技艺水平也较高。与生活条件相适应的日用绣品，也就是镜袱、靠垫、扇袋、香囊、绣被、绣服等，造料都是丝绸软缎，绣工十分精细。此外还有一些艺术品的绣制，大都是城市的大家闺秀绣制的。其绣稿大多选用艺术品位上乘的国画，这为艺术绣品提供了良好的条件，有的绣女本人平时也在书画中熏陶成长，有的自己还能诗会画，所以绣制艺术品得心应手。

苏州闺阁绣发展的原因，还在于当时的社会习俗。吴之小家妇女，治家之间，莫不以刺绣为事；妇女以刺绣为生，以会刺绣为贤淑，社会上又对此大加赞赏和提倡。这在民国《吴县志·列女》中列举了不少这类人物。如清代“凌厚甫妻李氏……长勤女红……年二十六夫卒，遗孤兆昆，氏矢志坚守，益勤女红，或劝之少休，则曰：‘顾为女子者必有所事，事则心有所寄，妄念无自而生。’众皆叹服”。这是丈夫死后，矢志坚守，益勤女红，把刺绣作为修身养性、精神寄托。“张在镕妻姚氏，年三十镕卒，无子，舅姑皆六旬，家无次丁，氏早夜事女红以供甘旨，数年如一日。”这是夫死无子，为侍养老人而日夜刺绣，以谋生活。这些代表了那个时代苏州妇女界的基本习俗，也证明那个时期苏州刺绣的地位和作用。妇女因刺绣而被人称道，并被载入方志。

苏州城里也有一些贫苦人家在刺绣，不但为自己绣，还为绣庄加工各类绣品，这和乡村中妇女刺绣一样，品种无所不包。普通的民间刺绣服饰，就有包头、腰兜、大襟衣服、围裙、绣鞋等，常用服用布料，也有逢年过节穿着缎料的。一般刺绣比较朴实简单，构图均衡，借物寓意，强调装饰效果。从品种和色彩看，大都土色土香，富有特色，穿戴在身，使人一看就知道是富家或贫家，这是城里人或乡下人。

苏城四郊为绣庄加工者，因为长期的操作，还逐渐生产了一些地区性绣品，如：光福周围以绣制被面、枕套、帐沿为主；香山一带以绣制寿衣、寿被为主；横塘附近以绣制宫货、戏衣为主。农村刺绣由于世代相传，刺绣技艺并不逊于城市里的闺阁秀，而且还因为比城里富家女肯吃苦、能勤奋的缘故，不断有刺绣名手的出现。刺绣还形成了光福、西华、东渚的戗针等，蠡墅打籽绣，横塘平金锈，向街白马涧的盘金等传统，刺绣各擅胜场。经日积月累，被称为绣市的苏绣系统全面发展起来。

清末民初，中国处在半封建半殖民地社会，时局多变，中国的政治、经济、文化受到冲击，都发生很大的变化。苏绣业也受到波及而有起有伏，但仍能历劫长存。即使太平天国时期，苏州一战，阊门至枫桥一带十里繁华地区成为废墟，苏绣在苏州仍不绝如缕，这是苏绣魅力之所在。

太平天国定都天京（今南京）后，在城内普遍设馆。这馆是太平天国一切基层组织的泛指。有时称馆，有时称衙，衙大馆小,衙高馆低。有时女馆或称女营。1860年,太平天国攻克苏州后也设馆,“设女馆在大石头巷,绣花馆、姐妹馆名目不一”(蓼村遁客《虎窟记略》,载《太平天国史料专辑》第31页)。经查阅《太平天国词语汇释》得知,当时将男女全部编为若干男馆与女馆,从事生产劳动,女馆有抬砖、挑土、盘粮挖壕沟诸苦差,上差则有绣花馆。王永年《紫苹馆诗钞注》:“妇女绣花处曰绣花馆。”绣花馆也即女绣锦营之别名。在编组女馆时,凡善于女红的妇女,编入女绣锦营。太平天国有“殿前绣锦指挥二百四十人,绣锦将军二百人,绣锦总制一百二十人,绣锦监军一百六十人。以上至指挥,主督各妇女制造金彩冠服之工。”太平天国诸王都有金彩刺绣之冠服,所以在诸匠营中专设绣锦衙营,“其善女红者,分入绣锦衙营,置指挥以下官领之”。在苏州设绣花馆,正是苏州刺绣在当时的组织形式。这是由于苏绣艺术具有实用性,虽经战乱,仍得以流传而不致消亡的又一例证。苏州仍不失为绣市。

作为绣市的另一个特征是绣品的经销。1840年鸦片战争后,在列强炮舰之下,我国门户洞开。中日甲午战争后,李鸿章于1895年4月17日在日本签订了《马关条约》,苏州被列为开放商埠,翌年苏州关监督公署、苏州关税务司署成立,苏州正式设关,作为苏州特产的丝绣品出口贸易由此而增。根据《苏州洋关史料》所作的统计,苏州丝绣品被列为大宗出口土货之一,第一年1896年出口1担,货值867关平两;1904年达76担,58024关平两;从1896年至1931年,共计出口丝绣品1263担,702877关平两(其中货值缺少

7年统计数)。苏绣早在那个时期就以苏州土特产畅销世界各地。

1933年编纂的《中国实业志·江苏省》中谈到苏绣时述:“苏州顾绣庄之全盛时期,为民国十年至十五年间,当时每年营业额达四五十万元。民元以前出品大半销售湖南、河北、山西各省;现下大宗绣品,均供给上海及当地之需要,洋庄推销则有估衣店民间掮贩。惟以前出品,多系整幅,刺绣花式甚少变动,近来重视零剪,且花式变动甚速。”这是苏州绣庄的绣品在当时流通的概况。

解放前夕的绣市情况如何呢?据苏州大学段本洛、张圻福著《苏州手工业史》附录表中有关刺绣的资料统计,1948年,刺绣户数86户,从业人数30590人,资本440000万元,生产情况:被面25000条,戏衣10000件,枕套75000对,鞋面400000双,童装10000打。有幸近代档案工作为我们提供了如此详细的统计资料,颇具有说服力。

入清以来,苏绣艺人辈出,时有记述。据民国《吴县志》载,清代“钱蕙,字凝香,通判珍南女,贡生徐爔之室,聪慧绝人,工诗,著有《兰馀小草》,又能以发代丝,精绣古佛大士像及宫妆美人,不减龙眠白描,时称绝艺”。“国初,吴门女子为顾茂伦,发绣《钓雪滩图》,更见精巧,山水花鸟无不尽态极妍。”“杨卯君,字云和,沈君善之侧室也,工绣佛,名流多为题咏之,君善辑《针史》行世。其女关关,字宫音,尤能出新意,所绣山水人物,无不精绝,尝墨绣顾茂伦《濯足图》(顾卜居钓雪滩,自号雪滩钓叟,所作《雪滩濯足图》由沈关关以发丝墨绣而成),尤悔庵题渔家傲一阙:‘我梦吴江烟水皱,纶竿拟挂垂虹口，不道逋翁濯足久，枕且漱，沧浪一曲天如斗。深院玉人闲谱绣，粉香妙写溪山友，宛转绿丝盘素手，林下秀，小名独占毛诗首。'"（清徐轨《南州草堂词话》，载朱启钤《女红传征略》）

朱启钤《女红传征略》中还引证了好几位苏绣艺人，如程景凤，字侣仙，长洲人，彭蕴璨之妾，15岁在刺绣时看到家里的名画，往往用墨笔描写，能画善绣。周湘花，元和人，刘松岚家姬，擅刺绣，曾为吴兰雪夫妇绣过《石溪看花诗》卷，兰雪将此收藏在绣诗楼中，王梦楼为之作《绣诗楼歌》。盛元玉，水性海禹定妻，善画美女，求者恒盈门；而吴幼峰承绪雪沈孺人善绣观音，乞绣者一金始得一幅。水嗜酒，吴嗜茶，皆赖内力疗贫。时人诗有句云："水家盛氏吴家沈，一号针神一画师。茶料酒资皆取给，美人大士现身时。"

沈三白妻陈芸，字淑珍，也善刺绣。在沈三白自传体散文《浮生六记》中载："芸既长，娴女红，三口仰其十指供给"，"刺绣之暇，渐通吟咏"，有友人来倩人绣《心经》，芸念绣经可以清灾降福，且利其绣价之丰，竟花10天时间赶绣成《心经》一部。陈芸还曾对沈三白说过："君画我绣，以为诗酒之需，布衣菜饭，可乐终生，不必作远游计也。"这些闺阁绣在苏州很多，除了大批量商品绣形成"绣市"外，高雅的画绣艺术品和闺阁绣的精致日用品也是提高"绣市"声誉不可缺少的艺术根基。

清代，苏州附近也出现了一批以苏绣技艺而著称的刺绣艺人，如倪仁吉、丁佩、余韫珠等，皆名冠一时。

丁佩，清道光时的刺绣名家，华亭（今上海松江）人，一作长洲(今江苏苏州)人,号步珊,精于刺绣,通达绣理,绣艺高超,虽未见传世绣品及相关记载,但是有她自己于道光辛巳(1821)乞巧前一日完成的《绣谱》流传后世。这是我国对刺绣进行文字总结的第一部专业著作。丁佩在自叙中说:"问安视膳之余,主馈调羹之暇,辄复拈针理线,乐此不疲。"内分择地、选样、取材、辨色、程工、论品六篇章,抒其心得,度与金针,实为难得。

如"择地"提出了"闲、静、明、洁"的环境要求;"选样"讲了"审理、度势、剪裁、点缀、崇雅、传神"的总体方法;"程工"中的"齐、光、直、匀、薄、顺、密"亦即苏绣的刺绣特点;最后更对绣出好的作品提出见解:"好尚无一定之规,雅俗有不易之则。绣近于文,可以文品之高下衡之;绣通于画,可以画理之深浅评之。"所以,一些文学家、美术家都以绘画标准来评述刺绣艺术。

其实刺绣艺术应该以刺绣特定要求品赏的。丁佩在"论品"中归纳为"能、巧、妙、神、精工、富丽、清秀、高超"才是高雅之作。譬如对于"妙",《绣谱》中说:"能巧俱备,丰韵独饶,妙姿也;闲中有味,空际传神,妙趣也;举重若轻,化板为活,妙技也;信手拈来,头头是道,妙境也。"什么是"高超"呢?《绣谱》解释:"不袭窠臼,别具天机,在人意中,出人意表,是必资性独殊,襟怀潇洒者能之,不可以形迹求也。古人于翰墨,可以觇人情性,惟绣亦然。眉目分明,楚楚有致,必其道理通达者也;一丝不苟,气静神怡,必其赋性贞淑者也;肌理深融,精神团聚,必其秉气纯和者也。否则蒙头盖面,挛曲支离,即使针神复生,亦未如之何已。相从心生,隐微毕见，又岂特绣之一端而已哉！”刺绣艺术人之性情修养，决定了绣品的高下。丁佩对于刺绣是心知其妙而能言其所以妙者。我们对于刺绣品的理解和鉴赏，也可以由此入门了。

余韫珠，扬州人，15岁就能仿宋绣仙佛，人物极工，并能曲尽其妙。曾为王士禛绣过《洛神》、《神女》、《浣纱》、《杜兰香》四图，当时邹程村、彭羡门等都有词吟咏过。恽珠，字星联，号珍浦，世称蓉湖夫人，江苏武进(今属常州)人，恽毓秀之女，10岁就能赋诗，13岁工刺绣，有神针之目。她在泰安时曾绣过《五大夫松图》，在颍州时绣过《东园图》，道光年间(1821—1850)去世。她曾将苏绣带到了各地。

清末刺绣艺人胡莲仙(吴彩霞)

因此在清代，苏州不但是刺绣的基地，是“绣市”，还是苏绣技艺传往各地的源头。最典型的要数胡莲仙，一名吴彩霞(1832—1899)，安徽人，少年时随父居住在吴县(今苏州)，所以也称吴县人，在苏州这个刺绣基地她从小就学会了苏绣。20岁时与湖南湘阴人吴健生结婚，随之来到湘阴。中年丈夫去世后，生活只能靠刺绣来维持。她学到了当地名门绣女李仪徽首创的掺针绣，绣品销路看好，于是在光绪四年(1878)迁居长沙,挂牌卖绣,先在门前贴红纸书“绣花吴寓”,接受订货,后移居尚德街,改在门前悬牌“彩霞吴莲仙女红”。随着她的精湛绣品流入市场,她的名气也逐渐传开。她绣的一幅7寸高、1尺宽的插屏,曾卖到50两银子。由于绣品供不应求,她就带徒传艺,将苏绣技艺传给了湖南绣女,并同长沙袁家坪的湘绣艺人魏氏结为好友,相互交流刺绣技艺,共同奠定了湘绣商品绣的基础。

一方山水育一方风物。由于各地的社会环境不同,四大名绣也就各有技艺特长和艺术特点;但艺术不是封闭的,商品绣更是流通的,相互之间有联系,也就有很多共同之处。因为几大名绣互有影响,是相比较而存在的,在谈到苏绣的时候,有必要对我国其他地方名绣作一简单陈述。

粤绣,又称广绣,泛指广东粤海刺绣。粤绣艺人多集中在广州、潮州、顺德、番禺及南海一带,并成立过行会,引导和组织粤绣品生产。唐代《杜阳杂编》说的南海奇女卢眉娘绣《法华经》七卷,可谓粤绣之先声。明代出现用孔雀毛编成绒缕刺绣的金灿夺目的绣品,而绣孔雀也成了粤绣别具一格的特色绣品。此外,粤绣还大量采用珠绣,清代广州状元坊就有云额、拖鞋等珠绣品出售。而珠绣的粤剧戏服更为时髦,珠光宝气,几乎取代了传统的色绒线刺绣戏服。至今尚有各种闪烁发光的珠绣手袋和色泽香艳的珠绣拖鞋畅销海内外。其艺术特点是花纹繁缛,花稿多用剪纸为样,自然工整,构图丰满,装饰性强,色彩浓艳,对比强烈,洋溢着南国热烈明快的气氛。针步均匀,光亮平滑,纹理分明,善留水路。大如6尺高屏风,小如荷包扇套,多作写生花鸟,照民间习惯而富于装饰性。常以凤凰、牡丹、松鹤、猿鹿以及鸡鹅等为题材，混合组成画面，以构图匀称、繁而不乱见长，尤以《百鸟朝凤》著称。

湘绣，是以湖南长沙为中心的一种刺绣艺术。如果从出土的刺绣文物来看，在长沙曾出土过多批战国墓和汉墓的刺绣品，其数量之多、刺绣之精美，在同期出土的刺绣品中是少有的。因此，近年有了“湘绣溯源”之说。清末湖南巡抚赵尔巽对湘绣品颇感兴趣，曾将长沙红牌楼吴彩霞绣庄及附近典当所收藏的湘绣品搜购一空，运卖出境，使湘绣品第一次外流走向世界。1905 年端方接任湖南巡抚，也认为绣品奇货可居，特在巡抚部院内修建“景桓楼”，雇用三十余名绣工专为他刺绣字画，并在绣幅绣上“匋斋”、“抚湘使者”的朱文印章。当他离任之前，特地派了一位鉴赏专家，以高出市价一倍的价钱，在锦云绣馆定绣了大批以钟鼎图案、秦汉碑帖、名家字画作绣稿的绣品。这些绣品随他遍赠北京的王公大臣，并随带出国酬赠外国官员，这是湘绣品的第二次大规模外流。

随着湘绣作品的外流，湘绣之名远播海内外。湘绣艺术尤善展现中国水墨画的优点，线条精细、美观，色彩鲜明、清晰。花鸟、山水屏条是湘绣的传统产品。湘绣画幅补画绣的特点较为显著，有的山水风景只绣出线条，用线的深浅色彩分出画面的层次，其余块面以色代绣画成。特别是画面题诗，使诗情画意相映衬，更好地表达了绣品的意境。这是清末民初的李云青(别号兰溪居士)所创。他题湘绣数百首诗，后被编成《湘绣题句汇抄》，成为湘绣一大特色和遗产，并被后人反复运用。如绣《雄狮》题咏："西池借得麻姑爪，三丝五色夺天巧。停针罢绣看雄威，神采奕奕何壮佼。"题虎句："山鸣谷应声威壮，雨啸风从草野寒"，"一声啸震千山外，凛凛余威百兽惊"等。湘绣著名针法"鬅毛针"，所绣湘绣狮、虎，毛丝一头入肉，一头鬅起，毛丝有力，威武雄健，风格豪放，别具神采。

蜀绣，又名川绣，是以四川成都为中心的刺绣艺术。清光绪二十九年(1903)在成都后子门开办四川通省劝工总局，其中工艺科之一便是刺绣。聘国画家张绍煦担任教导，与刺绣名艺人张洪兴一起对技工和学徒进行刺绣的承袭和创新教育，在针法上创出了具有国画推晕效果的晕针。张洪兴是位男绣工，由他亲自刺绣或在他指导下出了一批优秀的绣品，培养了一批优秀的绣工，名噪一时。清政府拟予奖励，问他想当官还是要赏钱。这位绣花匠被这突然而来的喜事弄糊涂了，有人劝他戴红顶子可以给绣花行业争点荣誉，也有人说红顶子吃不得穿不得，还是要钱好。张洪兴最后选定了红顶子，得了一个五品军功衔，这是蜀绣行业第一个挂名的官，为蜀绣争了光。

蜀绣除了绣日用品，还为著名的川剧剧装进行刺绣加工。蜀绣图案的特点是结构简练，一般不强调聚散，既丰富又省工省绣。对花鸟、山水、草虫等自然形象加工提炼，用去繁、求全、寓意的手法处理，突出主题。人物多取自历史题材、民间传统故事。人物头像都用车凝绣法，绣线粗细兼用，片线光亮，针足齐平。蜀绣的名绣工大都是男绣工，如善于自画自绣传统题材的刘绍云，善绣山水花鸟的张万清，以人物见长的叶兰廷、叶春元父子，以精细著称的叶绍清，绣鲤鱼、熊猫的彭永兴等，由他们培养出了郝淑萍等一代新的蜀绣女工。其中，《芙蓉鲤鱼》最为著名。

四大名绣中，毕竟还是苏绣最为有名，在清末民初的历次赛会中已见分晓。

五、苏绣名扬劝业会

张光福曾在《中国美术史》中作了这样的评价："清代的刺绣，随着商品生产的进一步发展，出现了苏绣、粤绣、蜀绣、湘绣四个系统。苏绣在宫廷中颇有影响，雍正、乾隆时，均由清宫如意馆画工绘画图案，送金陵、苏、杭等地的织绣作坊制作。其花纹题材多寓意吉祥，如'庆丰登'、'玉堂富贵'、'万年如意'、'龙凤呈祥'等，图案结构，多为程式化，工整精美，具有规矩严谨的特点。各种图案配色多仿瓷器中的斗彩、五彩、粉彩、珐琅彩等形式，绣工精密，针法平匀熨帖，丝缕分明，这都是苏绣的特色。"这主要指苏绣中的宫货绣，因为这些配线色彩是宫中的要求，与苏绣"雅洁"的艺术特色有所不同。苏绣在当时宫廷中颇有影响，这是无疑的。

除了精致的日用绣品，至今北京故宫博物馆还藏有多幅苏绣艺术欣赏品。故宫博物院陈娟娟曾介绍过一幅《赵慧君刺绣金带围图》，绣的是一支芍药花，其品种为金带围。传说宋代韩琦任广陵太守时，郡圃开了四支金带围，韩琦请了王珪、王安石、陈昇之共宴赏花，后四人均升任宰相，故金带围被视作祥瑞的象征。这幅绣品是在白色软缎上绣出靓雅优美的折枝芍药，浅红色花朵用晕式绣成，加有一条黄色的花腰，既点明了主题，又极尽艺术风采。工整线细，运针纤理舒展。这是苏绣艺术在清代的成就，由清道光年间(1821—1850)苏州昆山画家顾春福画，其妻赵慧君绣成。从花枝的左右面35名文人雅士为之题写的跋中反映了大家的赞赏："今观此幅，秀媚天然，画家涂泽难望肩背，古人亦不能专美于前"，"画韵针神，可称双绝"。

乾隆年间(1736—1795)绣制的一幅苏绣艺术精品缂丝加绣《九阳消寒图》，亦是件具有地方特色和独特艺术风格的作品，尤以作品上有清乾隆帝题诗更为珍贵。诗曰："九羊意寓九阳乎，因有消寒数九图。子半回春心可见，男三开泰义犹符。宋时作创真趁巧，苏匠仿为了弗殊。谩说今人不如古，以云返朴却惭吾。"诗中说得很清楚，是苏州匠师仿宋代缂丝《九阳消寒图》画本，采用缂丝与刺绣相结合的方法创作而成，所制作品精美，不要轻蔑地说今人不如古人。

据故宫博物院高霭贞介绍，作品纵212厘米、横112厘米，底色和衬景是缂织的，主景人物和动物是在缂织的平纹地上用五彩绒丝线绣成的。缂丝的制作方法是"通经断纬"法，即先将素色经丝装在木机之上(通经)，然后用小梭按花纹图案以不同色的丝线来回往返地排织纬线，局部换梭换线缂织(断纬)。作品中的九只羊寓意由冬至起九，九九八十一天消寒之旧俗；以青松、梅花、茶花等象征阴消阳生；三个男童太子隐喻三泰，即开春吉祥之意。刺绣以苏绣传统的套针、戗针为主，色彩讲究晕色，画面上配景祥云、山石、水池等都由缂丝和刺绣结合而成。构图严谨，层次分明，主

清代宫藏缂丝加绣《九阳消寒图》

题突出,富有装饰趣味。缂丝加绣《九阳消寒图》成为我国传世文物中的稀世珍品,也是苏绣传世品中难得的精品。

苏绣早已称著,今人亦胜古人。然而常常藏于深宫内府,只是为少数人所赏识。清末民初终于有了一展芳容的机会,名扬天下了。

在清王朝覆灭前办的一件最大的盛事,也是一件实事,那就是宣统二年(1910),在江宁(今南京)举办了"南洋第一次劝业会",后因翌年的辛亥革命推翻了清王朝,实际只举办了一次,所以习惯称"南洋劝业会"。这是20世纪初我国举办的规模最大的国内博览会。从四月二十八日展至十月二十八日(农历),历时半年。这件大事往往被史学家所忽视。

先是清光绪三十年(1850),南洋华侨张振勋回国赴京,捐献20万银两,获赏赐"太仆寺卿"(空头官衔,无职无权),并奉旨召见。张振勋细述南洋工商业如何发达,皆由各国政府扶持奖励。我国工商业,政府未能提倡,地方又不鼓励,是以事事落后,难期振兴。慈禧太后颇然其说,即谕令农工商部尚书载振、侍郎杨士琦与张振勋筹议办理之处具报定夺。经延宕辗转至光绪三十四年(1908)秋,适端方赴欧洲各国考察宪政归来,奉命署两江总督,兼任南洋通商大臣,上谕:"据张振勋奏报赴南洋各岛考察农工商务一折,着该部贝子载振、侍郎杨士琦,应如何筹办劝业会之处,迅与两江总督端方妥议具奏。"遂于光绪三十四年(1908)十一月奏准筹备,终由南洋通商大臣所倡办,所以称"南洋劝业会"。后端方调任,由张人骏接任南洋通商大臣,兼南洋劝业会会长，朝廷并于宣统二年(1910)三月初八日交旨，派农工商部右侍郎杨士琦任审查总长。张謇曾在日记中自称“总长审查”而被后人误为审查总长，其实张謇为南洋劝业会研究会总干事，是研究会主持评审者。

当年南洋新兵督练、劝业会事务所坐办陈琪说：“此次创办劝业会之宗旨有三：一、振兴全国实业，二、建造南京市面，三、补助社会教育。”他还述及各国以赛会而兴商市：“英国于伦敦首创赛会之举，伦敦商务，遂占世界第一；德国则于柏林、法国则于巴黎、奥国则在维也纳，均先后举赛而遂成为都市。商务皆国之兴盛。”“聚集全球货物于一方，学界得实地之练习，西人谓观一次赛会，足当二十年窗下功夫，旨哉斯言。故赛会不特兴商强国，实亦兴教育也。”并妙譬：劝业会者，全国之大钟表，商人之大实业学校，商品之大广告场，输运本国货物以向外国之轮船铁道也，甚而喻劝业会为商业界文明之科举，新法之试院。生动形象地阐述了我国举办的第一次全国物品博览会的目的和意义。

全国各地通过预赛选拔，选出了最新工艺、最佳物品会聚一次而陈赛，以资比较，以供研究，拙者助以改良，优者加以奖励。全国各省共选送展品一百多万件，分 24 部陈赛，经逐一认真评审，共评出奏奖 66 名，超等奖 214 名，优等奖 426 名，金牌奖 1218 名，银牌奖 3345 名。我国各地许多传统名特产品都在该会获了奖，有的至今仍是名特产品。

刺绣为美术馆中一大宗，出品获奖甚多。苏绣在南洋劝业会上夺魁，获一等奖。苏绣许多展品得到了好评和奖励。当时有《南洋劝业会游记》作了介绍：“女子绣工科总教

沈寿绣《爱丽娜像》

习余沈寿所绣意大利皇后《爱丽娜像》，姿态活泼，远望之，与照片无异，两目尤饶有精神，谁谓今无针神耶？绣价值二万四千余两。”（沈寿，苏州人，后有专题记述）王葆桢在《南洋劝业会杂咏》中题沈寿的意大利皇后爱丽娜绣像：“六洲生面掌中开，海国春风绣凤来，博得大秦金十万，针神翻笑雪君才。”并在诗后加注详述该绣像“面部浅深线分七色,不假赭墨,与寻常刺绣家有别。目有精神,金发毵毵,以及肩章彩饰与胸前锦佩、腰间宝带、下至飘裙,均丝毫不苟,与照片无二,可称神绣”。而在劝业会上刺绣品得一等奏奖的只有苏绣沈寿。苏州有状元才子,也有夺魁绣女。苏绣夺冠,由此开端。

在南洋劝业会上,苏绣获奖的还有与沈寿一起在京师绣工科任教习、帮教习的苏州绣女。沈寿之姐沈立,时任京师绣工科副教习,其《狩猎图》及山水绣品获二等超等奖。徐志勤,苏州光福东渚人,原名徐慧珠,任刺绣教习,改名志勤;本名俞志勤,为徐云峙之室,故称徐志勤,幼习儒书,工绣绝伦,以仿沈南苹《松鹤中堂》绣件参展,获三等优等文凭。辛亥革命归籍,教授乡里,夫妇皆隐。蔡群秀,号文岐,她的动物绣与沈立齐名,参展作品《杨柳狸猫》绣件和金静芬的《水墨苍松》直幅绣件、李群英绣的《三马头》方额也获三等优等奖,而绣工科三等帮教习沈静兰的《松树孔雀》绣件获四等金牌奖。

此外,无锡华琪刺绣风景,绣工精妙,设色鲜丽;常州张明秀刺绣芦雁,设色古雅,栩栩如生;杭州沈蕊珠绣花篮26只,篮各异色,花各异体,各项绣法,无一不备;广东、湖南、四川的刺绣品也有很多获奖。由于当时女校中提倡刺绣甚力,都设针黹一科,因此一些获奖绣品都出自各地女学,这是一大特点,如苏州武陵女塾、常州粹化女学等有多人获奖,金匮县(今属无锡)女子职业学校的绣品获奖达三十多件。

南洋劝业会虽然没有收到振兴实业的重大效果，但对于奖劝百业，提高物品质量和知名度，增强民族自尊自信等方面都是发挥了一定作用的。尤其是南洋劝业会上的工艺美术品灿烂可观，显示了我国工艺美术的精良技艺以及我国人民的聪明才智和创造能力。苏绣、湘绣等工艺美术精品正是通过南洋劝业会上的获奖，因此名扬四海。通过展览、评选、观摩，各地刺绣也得到了一次大范围的交流，相互起了一定的促进作用。

苏绣走向世界是在1911年意大利都朗万国制造工艺赛会，沈寿绣意大利皇后《爱丽娜像》又获“世界至大荣誉最高级之卓绝奖凭”。而真正在国际夺冠的是在1915年举办的巴拿马太平洋万国博览会上。

国际性的博览会，开始于1851年英国伦敦赛会，伦敦商务由此兴起，此后各国接踵而起，其中首推1915年由美国发起的“巴拿马太平洋万国博览会”，这是美国为庆祝巴拿马运河正式通航而举办的赛会。巴拿马运河初于1881年由法国人开凿，后因资金问题而中止，后转让与美国，美国花费10年时间开凿成功，使太平洋和大西洋沿岸航程缩短了一万多公里。因此，庆祝巴拿马运河通航是件隆重的事；又因为靠近巴拿马的美国旧金山市经地震火灾后极需重整市容，振兴产业，即在旧金山设立了巴拿马赛会公司，大兴土木，建造博览会会场，由威尔逊总统发表宣言，邀请世界各国参加。盛况空前，举世瞩目。我国在赛会上展出面积共40000平方米，其中手工艺品约占一半面积。

1914年6月，江苏省赴赛物品先在上海陆家浜的上海图书公司预展,其中刺绣品就有五百七十多件。“巴拿马太平洋万国博览会”于1915年2月20日开幕,同年12月4日闭幕,历时280天,是世界上会期最长、陈赛物品最多的一次赛会。在展览期间,我国曾派出由学者、艺术家组成的实业代表团专程前往美国访问、考察,苏绣艺术家沈寿的丈夫余觉也是代表团成员之一。1915年5月26日,美国总统威尔逊在白宫接见了代表团全体人员。在这次博览会上,我国得奖一千二百多个。奖级分六等:大奖章、名誉奖、金牌奖、银牌奖、铜牌奖和奖词。除银牌奖、铜牌奖、奖词外,前三等都是金质奖章。我国织绣展品中得大奖章的有沈寿的绣品、直隶杨松亭刺绣挂件等,得名誉奖的有无锡绣工会、江苏振秀女学、常州第五中学、上海美术女子学校、广东尹笛云绣屏、兴纶绣屏等,得金牌奖的有苏州武陵女塾刺绣件、苏州双桐女学、苏州女子第一小学、吴县第三高等小学、江苏武进女师范、广东友纶刺绣件、长沙簪花馆刺绣件、长沙锦云刺绣件、长沙湘绮楼刺绣件、长沙吴彩霞刺绣件等,得铜牌奖的有吴县蒋万顺仿宋锦、金静芬刺绣件等。

苏绣在这次博览会上引人注目,赢得了极大的声誉,从此名扬四海。如沈寿绣的《世界救主耶稣》,售价高达13000美元。这幅耶稣以油画像为绣稿,运用羼针长短参差互用,按面部肌肉纹理刺绣,把救主耶稣受刑时愿代世人受苦的面部精神表现得真实感人。这是沈寿仿真绣艺术思想的充分展现。论者认为沈寿“绣意后则肖其面,绣耶稣则会其神,彼世界大画家林登氏所绘耶稣像虽云神似,又岂足与之衡短长哉”。

沈寿绣《世界救主耶稣》

民国时期，苏绣为历次赛会所重视。如1928年苏州总商会接赴智利、阿根廷华产展览会筹备处函，信中说“查我苏出品绣货，向为海外所珍视”；1932年中华民国参加芝加哥博览会筹备委员会征品处给苏州县商会启称：“素稔贵县对于挑绣、顾绣夙擅胜场，用再函恳贵会广事征求，多多益善。"而苏绣品获奖也时有所闻。上述两赛会结果如何,无材料提供,而在此前的1926年7月美国费城赛会上,中国得甲等大奖共14名,其中刺绣得奖就有苏州万裕绣庄、乾泰祥福记、林秀青、韩润贞、曹濂珍、黄琴、江萍云、程华贞、秦华明、振秀女学等。1928年中华国货展览会上,华新源苏绣庄、恒利苏绣公司苏绣品获优等奖,正源祥苏绣庄、德华苏绣庄苏绣品得优等奖,同仁和绸缎庄苏绣品得二等奖。

苏绣自1910年南洋劝业会首次获奖,后又多次得奖。解放后又在国内外屡获殊荣,愈来愈显其艺术风韵。

精湛的苏绣技艺体现在苏绣艺术品中,有参赛机会便能屡屡获奖;而苏绣平时主要反映在人们的衣食住行生活习俗各个方面,因而苏绣扎根深深,渗透到吴文化的表里。苏州民间刺绣习俗,在时代更替情况下新旧交替,嬗变承传,在城市里变化大些,农村里旧习俗浓些。从民间流传的民歌民谣中人们可以感受到生动的浓郁的刺绣生活气息。

六、路遥翻恨绣裙长

古吴刺绣源于水乡"文身",后由文身而绣纹于衣服,成为水乡刺绣服饰的开始。以后的刺绣服饰又形成了一定的生活习俗,代代承传,相沿成习。清常辉在《兰舫笔记》中称"天下饮食衣服之侈未有如苏州者",这是指城内富庶人家,饮食衣服,力求精美,丝绸锦绣处处皆是,即使领、袖、襟也都滚有宽阔的绣花边,纹饰多样,绣工极为精致。水乡女子则"青莲衫子藕荷裳,不装门面淡淡装",更体现了水乡女子质朴的审美情趣。苏州民间刺绣纹样朴实生动,善用谐音、双关的吉祥图案,俏丽多姿,不论名分与等威,只讲实用与美观,代表了水乡人秀慧、细腻、柔和、智巧、素雅的特征。

近百年来,我国发生了翻天覆地的大变化,风土人情也随之发生急剧变化。至今在吴地东部,以唯亭、胜浦、角直、陈墓为中心约360平方公里的地区,有的还流行着承传千年的水乡妇女特色服饰。衣饰中常见的是襡裙、襡腰头和穿腰这三部分,此外还有包头巾、腰兜、绣花鞋。这就是民间习俗的生命力。

如包头巾,这是水乡妇女最具特色的首服。包头用一块底角为30度的等腰梯形布做成,有的以两色或三色花布拼角,有的绣有花纹,如梅花、海棠花或其他吉祥图案。包头巾正中的折缝,包在头顶的正中,包头巾窄边压在般般头的边缘,两端在发髻的下面相交后绕向发髻的上部,带挽结后左右分开,外形呈三角形,戴在头上形如卷曲待展的荷叶。现代有诗人赞赏:"月蓝色的包头上,绣线缠绕的画纹,有浪的漩涡、水的波状。"形容其美,十分恰当。与包头巾相映的还有腰兜。腰兜上花花相连的绣面,使人想起江南明媚的阳光,"腰兜四周的花边,是鸡的冠、鱼的鳞、蚕的茧,是元宝形的水菱、白鹅的红掌,绣花的腰兜上,吸收和散发着乡土的芬芳。"有人这么赞赏。

苏绣在苏州家喻户晓,耳熟能详,积习成俗,由来已久而时有发展。1980年,珠江电影制片厂在苏州拍摄电影《梅花巾》,就以刺绣艺人和评弹艺人的生活为情节,更是演绎了一段委婉曲折的姑苏风情故事。

歌谣词曲，自古有之。一曲《子夜吴歌》，唱出了吴地的风情。

吴歌委婉清丽，感情缠绵，比喻手法高超，善于运用谐音、双关，别具风格。前人有诗称曰："风土推吴下，嘉名煞忆之。繁华余绮习，惩创采风词。谚语多沿俗，歌谣尽入时。关心天四月，齐唱暖寒诗。"又有人云："直抵姑苏咏，先知风俗通。千枝花剪彩，五色线翻绒。"吴歌中可见姑苏风俗、刺绣习俗。今选录吴歌中直言刺绣的歌谣于此，读者不妨轻松一下，试看绣市刺绣之流行成习。

《倦绣》云：

意昏昏，懒待要拈针刺绣。
恨不得将快剪子剪断了丝头，
又亏了他消磨了些黄昏白昼。
欲要丢开心上事，
强将针指度更筹。
绣到交颈的鸳鸯也，
我伤心又住了手。

这是冯梦龙《挂枝儿》中的一首俚曲，写出了江南闺房绣女发男女之真情于倦绣中。大家闺秀刺绣是习俗，也以此来打发时间，消磨黄昏白昼。但绣到诱人的鸳鸯交颈时，触景生情，禁不住联想到自己青春年华，孤房独守。原拟刺绣来丢开心上事，谁知边绣边又伤心住了手。真情实感，在那恹恹倦绣之中。

另一首《书声》,也将闺房绣女的行状描述得真切有趣:

绣房儿正与书房近,
猛听得俏冤家读书声。
停针就把书来听。
汤之盘铭曰:“苟日新,日日新,又日新。”
圣人的言语也,
其实妙得紧。

在冯梦龙搜集的山歌中,一首《看》,更是直截了当地写出了水乡绣女的真情:

姐儿窗下绣鸳鸯,
薄福样郎君摇船正出浜,
姐看子(吴语“子”:了,着)郎君针搠(搠:刺)子(同前)手,
郎看子(同前)娇娘船也横。

《吴歌新集》中的山歌,又是一种情调。如:
《叫我唱歌亦不难》:

叫我唱歌亦不难,
不比描花绣牡丹,
牡丹绣在鞋尖上,
采花容易绣花难。

《采红菱》(八选一)：

多谢你情歌一片心，
拿子(了)你丝线勿曾(没有)来回敬，
别样末事(东西)呒啥送，
就拿子(了)丝线绣双拖鞋送郎君。

《勿知哪日才相逢》：

新绣荷包分两边，
一面狮子一面龙，
狮子上山龙下海，
勿知哪日才相逢。

《十二月花开望郎来》(十二选一)：

腊梅花含蕾十二月开，
小妹姑娘绣花剪刀摆勒(在)八仙台，
千百样花名，百万样鸟名，只落(全凭)我奴奴剪刀头上去，
小妹绣出这枝樱桃望郎来。

清咸丰十年(1860)前潜庵曾作《苏台竹枝词百首》，以记述吴中风尚为主旨，堪与《桐桥倚棹录》、《清嘉录》等相参证。其中涉及苏绣的就有好几首。如：

默默芳心祷几回，
阿难今日笑颜开，
谁知百褶纱裙上，
也绣金身五百来。

作者自注说：西园有金装罗汉五百尊，法像庄严，入寺者随意指一尊数之，如己生年而止，以其貌之休戚卜一生休咎，往往有验。妇家于裙褶内绣罗汉五百尊，须眉毕见，金彩灿然。

穿花蛱蝶趁风偏，
碎剪红绫五色鲜，
锦翅珠睛飞欲活，
合欢衫上舞翩跹。

自注：衫上皆缀绣蝶，蟠珠作须，集锦成翅，一蝶之费，几至一金。

尺五吴绫绘幅云，
茜红染就胜香薰，
最怜杨柳腰肢细，
新束梅花百蝶裙。

自注：裙褶内皆缀绣蝶及金叶、梅花，望之闪闪飞动。

文武边名胜月华，
更裁碎锦作春花，
件头一一标新样，
出自金阊第几家。

自注：先是女衣有月华边、绣边、织锦边诸类，今则合诸色边为一，名文武边。

纤红一寸踏青鞋，
新月弯弯制最佳，
网得绣丝金作衬，
漫移莲步学吴娃。

自注：弓鞋皆用网绣，衬以金叶，底则以木为之，弯弯如半月。

顾禄《清嘉录》描述了苏州一年十二个月中各个节令的习俗风貌，其中也收录了有关刺绣的诗文，可见苏绣无处不在，处处有锦绣诗篇。如：

清明日，苏州有虎丘山塘庙会，蔡云《吴歈》云："纷纷神役与神囚，多事舁神到虎丘。却爱巡风小儿女，绣衣花帽骋骅骝。"穿戴绣花衣帽自然更惹人喜爱。

三伏天，沈钦道《吴门杂咏》诗云："流苏斗帐不通光，绣枕牙筒放息香。红日半窗刚睡起，阿娘浇得鳝鸳鸯。"虽然三伏天，有绣枕牙筒放息香相伴，得以酣然安卧。

七月七日前夕有“筠巧”的习俗，吴曼云《江乡节物词》中云：“穿线年年约比邻，更将余巧试针神。谁家独见龙梭影，绣出鸳鸯不度人。”筠巧成为比试女红的机会，拿出刺绣真本事，几能争当针神。

苏州民间的中秋习俗，有所谓“走月亮”，就是中秋之夜结伴出门上街，一路赏月谈笑风生。有首吴歌道：“木樨球压鬓丝香，两两三三姐妹行。夜冷不嫌罗袖薄，路遥翻恨绣裙长。”写出了吴中闺秀中秋之夜出行赏月时的欢愉之情。

沈朝初《忆江南》词多咏四时风物，顾禄引用不少，其中有：“苏州好，玉叠结酸梅。梦起细含消病渴，绣余低嗅沁心寒。青脆小如丸。”讲的是酸梅，描述的却是绣女在刺绣过程中以此消恹的情状。

明代冯梦龙认为民间文学是“民间性情之响”、“天地间自然之文”，“虽小诵《孝经》、《论语》，其感人未必如是之捷且深”。民间歌词中不乏关于刺绣的各种记述。读了可能会使人感到苏州刺绣乡情浓郁，土风淳厚。绣女们就是在这样温馨的氛围中学绣成长，苏绣就是在这样流行的习俗中代代相传。在新时期又古树新枝、百花齐放地展示了新的姣容。

百花齐放展新容

1949年10月1日中华人民共和国成立后,苏绣行业按生产品种的分类分别建成了几个专业刺绣工厂及闻名海内外的苏州刺绣研究所。由于集体生产,分工更细,专业性更强,既提高了生产率,又提高了专业技艺水平。

由此苏绣行业形成了一大特点:日用品和艺术品的生产平行前进,在普及和提高两方面同时得到空前的发展。这是前所未有的,也是全国其他刺绣基地所不能企及的。

苏绣犹如中国工艺美术百花园中一株深根老树,解放后得到更好的生长和发展。护花使者将针法技艺发挥得淋漓尽致,双面绣争奇斗艳,誉传四海,长针机绣异军突起,开出科技艺术之新花,更有那艺术殿堂中国苏绣艺术博物馆,荟萃精华,复制文物,使千年古技恢复了艺术青春。如今枝繁叶茂,蕊吐花放,馥郁淡雅,艳而不俗,在百花丛中是那样地耀眼夺目、令人神往。

一、枝繁叶茂更新生

苏绣原来是苏城内外一项群众性的家庭副业，在城内以“闺阁绣”为主。在郊外是广泛的民间刺绣。据1937年实业部月刊第二卷第六期所载的调查研究报告，当时“全县从事此项手工业之妇女，数约一万人左右，城区、乡区各占其半。精细的均为城区女工为之，粗放绣件，乡村妇女多往绣庄领料绣织，成品由绣庄收买”。这就是解放前刺绣生产的散处情况。

解放后的刺绣名手都会说起“市文联刺绣小组”，这是她们成才的摇篮。1954年初，为了绣制一批出国的工艺美术展品，苏州市文联集中苏州有名的刺绣能手组成一个临时性的刺绣小组。就这样，1954年3月8日，市文联利用“三八”妇女节成立了第一个专业刺绣工艺品的组织“苏州市文联民间艺术研究组刺绣生产小组”，后来常称为“市文联刺绣小组”。李娥瑛、顾文霞等刺绣名家都是从此起步、脱颖而出的。当初由顾公硕负责，高伯瑜总务管理，任嘒闲、周巽先等主持招考了一批刺绣技艺较好的女工进小组工作。小组成员为任嘒闲、周巽先、严葆贞、管颉云、赵丽珠、王云娥、章秀民、朱静雯8名，后逐渐增至二十多名。地点在调丰巷。中国美协供给绣稿和样品，并由中央美术学院教授柴扉、程尚仁来苏指导。后来吸收朱凤等一批技艺人员参加，小组规模扩大。1955年4月，文联刺绣小组又搬迁到史家巷32号，开始有外宾、记者来参观，外地绣工也前来学习。作品曾到全国各地及东欧、东南亚等二十多个国家巡回展出，扩大了宣传影响。正是有了这个文联刺绣小组，才有后来闻名遐迩的苏州刺绣研究所。

1958年下半年，刺绣分类归口，合并成几个专业性的工厂，使苏绣从此走上专业化的、全面发展的道路。

苏州刺绣厂主要产品是各种绣花出口服装、刺绣靠垫、被面、机绣精工绸（又称机绣沙龙），还有部分刺绣艺术精品和专为日本刺绣的和服、腰带。绣品厂的主要产品是机绣枕套、台毯、被套、窗帘等。苏州儿童用品厂的主要产品是刺绣童装、童帽、童鞋。苏州剧装戏具厂的主要产品为古今各种戏装、戏具、道具、刀枪等。苏州工艺鞋厂以出口工艺绣花拖鞋为主。苏州丝绸服装厂生产出口丝绸绣衣。苏州刺绣研究所主要从事苏绣技法的研究、创新，并绣制各种艺术精品，所内附有部分缂丝生产。

1985年底苏州刺绣业厂、所情况表

单位名称	地址	职工人数	外发加工人数
苏州刺绣厂	史家巷32号	807	6355
苏州绣品厂	三茅观巷38号	769	5000
苏州儿童用品厂	宋仙洲巷19号	772	1215
苏州刺绣童装厂	宫巷46号	281	400
苏州剧装戏具厂	西百花巷4号	310	90
苏州工艺鞋厂	景德路72号	340	1154
苏州丝绸服装厂	萘葭巷46号	424	400
苏州刺绣研究所	景德路262号	282	2325
合计：8个单位		3985	16939

吴县与苏州相依难分,吴县的刺绣主要分布在光福、黄埭、浒墅关、陆慕4个区的二十多个乡镇。1979年,吴县刺绣厂改称吴县刺绣总厂,在城内坝上巷,后发展为内设刺绣、抽纱、丝绸服装分厂和刺绣研究所的单位。下辖13个乡镇刺绣社(厂、站),全吴县专业刺绣人员一千余人,农村散处绣女达八万余人。

这样,苏州和吴县的刺绣就形成了庞大的苏绣行业。有组织起来的专业职工四千余人,散处苏州市郊和吴县各乡镇的绣女有十万余人,绣工之多,全国第一。这里真正是我国最大的刺绣生产基地,城乡十万余绣女飞针走线传扬着名播天下的苏绣产品。

历史上苏、粤、湘、蜀四大名绣,是由于刺绣品成为商品绣走向市场,由绣庄等经营刺绣品,才逐渐形成的。刺绣的产销经营,也是刺绣业中的一个重要环节,苏绣的经营可谓成功之一例。历来的文章书籍忽视了这一点。

苏绣工厂是苏绣生产的中心枢纽,一面连结着数万人的刺绣女工和成合、整烫等外发队伍,一面连结着十几种内外销渠道,在这个意义上属于经商性的指挥办事机构;同时这些专业工厂又在进行绣品生产,在创作设计与生产主要产品,提高刺绣技艺、争取更大业务等方面都负有重任,又是综合性生产经营企业。一定的质与量是苏绣名扬四海、畅销五洲的基础。在走向市场的今天,苏绣的产销经营也具有举足轻重的地位。

在社会主义计划经济向社会主义市场经济转换过程中,曾经有过这样的销售渠道,存史于此。内销方面:(1)

签订合同来料加工;(2) 通过市纺织品批发站转销;(3) 各地工艺美术服务部转销代销;(4) 各地前来订购;(5) 为少数民族服务的民贸销售;(6) 全国旅游品工艺品内销会议订货;(7) 苏州工艺美术公司经理部经销。外销方面:(1) 外贸公司同外商订货后下达任务给工厂;(2) 广交会、小交会接洽一些外销任务;(3) 各地友谊商店订购;(4) 直接同外商洽谈订货;(5) 市旅游纪念品、工艺品经销部经销;(6) 本单位小卖部直接销售给来访参观的外宾。内销全国各地,外销一百多个国家和地区。

苏绣产品的对外销售,还与陈云有关。1959 年 6 月底,陈云在苏州期间对发展苏绣作了重要讲话,并亲笔题词:"苏绣是一种很高级的工艺品,但是我们还希望它成为大量的出口品,只有大量出口,才能更大量地发展它。一九五七年冬,我曾经提议刺绣合作社专门派人到外国去了解东欧和其他各国人民所喜爱的图案,现在仍然希望组成研究小组,专门研究各国人民所喜爱的图案,以便外销,苏绣出口这一件事,所费原料不多,等于是劳动力出口,这是完全适合我国国情的,既有利于国家,又有利于民生,我这个想法希望终能实现。"陈云的题词最终对苏绣的外销起了引导和促进作用。随后苏州组织了钱漱瑜等几位苏绣领导和艺人赴东欧进行考察调研,并随着我国对外关系的改善、对外贸易的发展,苏绣在大大日用绣品方面扩大了外销生产,品种也增多了。

解放以来,苏绣的产销有了极大的发展。从部分数据便可以一窥全豹。

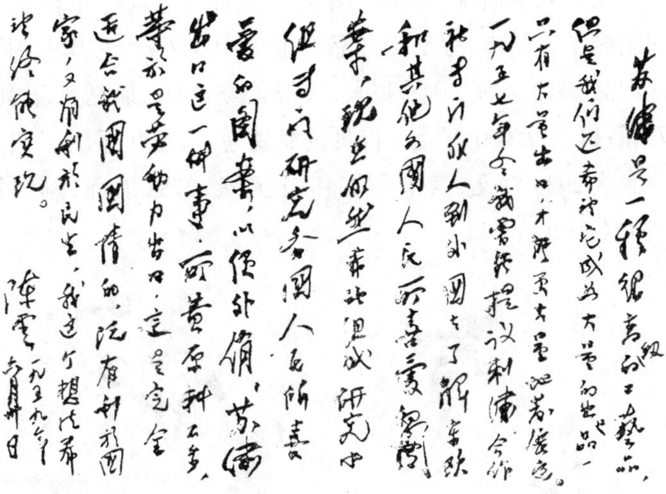

陈云视察苏绣时的题词(手迹)

1949年苏州全市刺绣行业产值为96万元,1950年便是150万元,1960年2387万元,1972年1692万元,1982年7389万元,1990年达1.43亿元。

主要生产机绣日用品的苏州绣品厂,1965年工业总产值210万元,1972年400万元,1972年以来每年平均递增23.6%,至1978年已增至1411.49万元;1982年达2552.61万元,其中出口2403.78万元;1990年4405万元,其中出口3690万元。

苏州刺绣业的绣衣年产量,1954年0.84万件,1972年21.19万件,1982年79.42万元,1990年171.86万件。

以绣制艺术精品为主的苏州刺绣研究所,1962年产值4.16万元,刺绣艺品341件;1972年产值13.61万元,刺绣艺品670件;1982年产值131.2万元,刺绣艺品达5329件。

吴县刺绣概况：1990年，由吴县刺绣总厂等单位生产的刺绣工艺品中，手绣工艺品产值为10087万元，其中刺绣日用品5373万元，刺绣和服、腰带4545万元，刺绣精品169万元；机绣品660万元。仅吴县刺绣总厂，当年手绣工艺品产值达2934万元，其中刺绣和服、腰带2783万元，刺绣精品151万元。

吴县刺绣《四季花鸟》

改革开放以来，苏绣行业也同全国各行业一样，既有蓬勃的生机，也潜伏着一定的风险。在发展外向型经济过程中，又形成了多种生产经营形式。如：日本的和服、腰带的来料来样加工生产；苏州绣品厂与上海抽纱进出口公司的工贸联营；南通绣衣厂与日本西田通商的中外合资经营；外资投入的苏州贵妇人刺绣有限公司等。

除了苏州工艺美术行业管理内的刺绣产销经营单位外，各种各样、大大小小的刺绣产销企业竞相成立，电绣产品一时成为个体生产的盈利产品。据2000年不完全统计，此类在名称中含刺绣专业的企业就有四十余家。此外还有许多服装厂、个体经营者拥有几台电绣机，自己在加工和产销刺绣品，这些都无法统计在内，每年都有新的变动。

中国刺绣艺术之乡——镇湖

2000年，苏绣生产基地之一的吴县镇湖镇举办“刺绣艺术节”，庆贺被文化部命名为“中国民间（刺绣）艺术之乡”。有两万多人口的镇上从事刺绣的有八千多人，新兴的绣庄鳞次栉比，刺绣年产值可达亿元。绣女青出于蓝胜于蓝，妙手辈出。有一手刺绣绝活的卢福英所绣《邓小平》获首届中国国际民间艺术博览会金奖，曾多次赴日举办个人作品展，所携几十幅绣品被抢购一空，并获若干订单。姚惠芳的《张大千绣像》，1995年获首届中华巧女手工艺品大奖赛刺绣类作品一等奖；姚建萍的《周恩来总理》、《吹箫引凤》获1998年中国第四届国际民间艺术节和首届中国国际民间博览会金奖。农村民间绣女的这些艺术成就，是苏绣技艺普及提高的标志。她们走南闯北拓展市场，并开通了“中

镇湖琴芬绣庄绣品《吴门桥》

国苏绣网站”,这也呈现了新形势下的变化与发展。真是百家争鸣,百花齐放呵!

二、姹紫嫣红总是春

最能体现苏绣发展的载体,就是苏绣产品本身。就苏绣产品本身而言,与品种题材、图案绘画、针法技艺直接相关;此外,还与社会物质和精神文明的各个方面有关,与生活在不同环境条件下的用户和不同的刺绣者有关。

随着解放后整个社会生活的改变,苏绣开发了许多新颖款式的枕套、台毯、沙发披、床罩、电视机罩、缝纫机罩、电风扇罩,用于五斗橱、百灵台、床边箱的三件套、五件套等组件套。门帘、被面、帐沿、枕套等传统品种的题材也日新月异地改换着新的内容,绣衣也发展为电绣服装的新花样。由于社会的迅猛发展,比起以往来,在款式上、颜色调配上,都有了很大的改进。

即使是一种产品,也是题材多样,色彩丰富,款式多变。苏州刺绣厂 1958 年生产 17 种品种,其中 5 种出口;1965 年产品为 109 种,其中出口 47 种。刺绣研究所根据前来参观的各国来宾的不同爱好,专题设计绣制了许多精美的刺绣旅游纪念品,如刺绣的手帕、书签、茶垫、花边、披肩、钱包、拎包、照相机带、袖边、枫桥夜泊诗,以及福、寿字等几十个新品种,丰富了刺绣内容,扩大了对外销售,并受到外宾的普遍欢迎而得以畅销;仅 1982 年就创造了 219 个花式品种。

每次深圳市荔枝节、苏州市国际丝绸旅游节都有特色的纪念品馈赠中外来宾。其中数千件双面绣艺术台饰架尽显苏绣风光。原来的双面绣台屏,都是红木架的底座,这对于高档双面绣是比较合适的。后来随着旅游纪念品的开发,创出了 6 厘米直径的双面绣小台屏。架子用景泰蓝工艺制作,小巧精致,也颇具特色。但这样的双面绣毕竟太小。1990 年,苏州工艺美术研究所采用注塑工艺制作注塑件为双面绣的框架座子,以直径 12 厘米的苏绣为主体,注塑件以圆柱和圆球为架,再加底盘连成一体。圆柱形的插筒,可以插笔、插花,成为实用装饰新产品。由于增加了实用功能,便于批量生产,因此开发成功后就十分畅销。产品与当前办公室、家庭环境布置能相互协调,而且三十多元就能买到,深受大众欢迎,双面绣产品由此进入了平凡百姓家。

在品种变化的情况下，苏绣产品的题材、原材料等也随着社会的进程和原料工业的发展而不断革新。

如错色绣《天安门》、《开国大典》，卷长 18 米的大幅绣轴《长江万里图》等，气势雄伟，反映了伟大祖国的欣欣向荣和建设成就，是旧社会花鸟绣所没有的气魄、所没有的景象。那迎风带露的《牡丹》、古朴淡雅的《湘君》、活泼动人的《松鼠葡萄》以及细腻稳重的《月光菩萨像》，无不展示着苏绣艺术的辉煌。人们还依稀记得当代名画家一次空前的大协作，由王个簃、朱屺瞻、唐云、程十发、李苦禅、肖淑芳、黄胄、关山月、张季馨、陈大羽、张辛稼、徐绍青这 12 位画家分别执笔，合作画成的绣稿，由书法家费新我题词“针度名家笔，人分造化工”，赵朴初为之题名《春回大地》。这幅集南北当代画师之大成的绣稿本身就是传世杰作。绣品制作由顾文霞亲自主持，徐志慧、周凤娥、吴金凤等十几位老艺人和青年绣工共同绣制而成，交织着画师和绣工们的艺术构思和创造。

近几年来，苏绣艺术品又在与美国摄影家罗伯特，画家吴冠中、袁运甫、常沙娜等合作下探索、创新、发展，进一步走出苏州，走向世界艺术殿堂。

百花齐放的关键在于刺绣者的技艺和修养的提高。构思在先，思维大于技巧，早已是苏绣艺人成功的经验，也是当今苏绣艺术努力的方向。

吴文化在苏绣方面体现的特色是秀丽、淡雅、精细、传神，但吴文化在历史长河中是发展、演变、累积的，苏绣也是在演变、积累中发展的。

当中西绘画发展到今天，人们的欣赏角度和需求已今非昔比时，苏绣的转换题材和创新已迫在眉睫。经过艰苦的探索，苏绣不断打出了新品牌，而且苏绣业名人名作还体现在不断有新人新作，代代承传，开拓创新。

据 1997 年统计，仅苏州刺绣研究所完成的创新苏绣精品，即有：根据中央工艺美术学院院长常沙娜设计的《虞美人》、《香蓉》刺绣的绣品。绣者运用散套针法，顺着花瓣丝理转折，层层加绣，作品造型优美，色彩明快，具有浓厚的装饰情趣。

吴霞靓设计的《三条锦鲤鱼》，桑杏云绣制，色彩搭配既鲜明又和谐，绣工细腻，给人以美的陶冶。新手设计，新手刺绣，别开新面。

由中央工艺美术学院袁运甫教授设计的《金碧春晓》，赵承强绣制，既有对比，又十分和谐地绣出了原作绚丽多彩的春天景色。

根据奥地利画家克里姆特名作绣成的《吻》，突出了吻的面部，其他作了艺术装饰化的衬托。强雁萍用白色异形丝涂金黄色作底料，在富丽堂皇的气氛中烘托出细腻的感情色彩。

刺绣者霍秀玲取材凡高的名画《向日葵》，用大乱针绣出向日葵奔放强劲的形态，以鲜明强烈的色彩准确地表现出原作不同凡响的特点。

吴冠中热诚地将他的优秀作品提供给苏绣绣制，并以《我看苏绣》畅谈苏绣的传统与创新。所以当 1999 年 11 月 4 日文化部举办吴冠中作品刺绣展览时，吴冠中连声称赞苏绣:“很好!非常地好!令人惊讶地好!”并由衷地称赞:“为刺绣的精工用到刀刃上,我鼓掌。”

苏绣吴冠中作品

当年余觉挑选世人皆知的耶稣像入绣,就对后人不无启迪:站在巨人的肩膀上跳跃,无疑是走向世界的成功之举。苏绣传人们积极以国内外名家名作为表现对象,并在题材、形式和技艺上寻求突破。当苏绣吴冠中的《双燕》、莫奈的《睡莲》、雷诺·阿的《金发少女》、修拉的《风景》一一奔入我们眼帘时,我们看到了苏绣的刺绣语言在作品中得到了发展和丰富,艺术表现力得到了前所未有的张扬。因而谢孝思说:"将苏绣乱针绣技艺与现代艺术相结合、相渗透,给人以朝气勃勃、无限联想的生命动感,展示了苏绣艺术的灿烂春天。"

苏绣既有自己艺术的春天,也使千年古技恢复了青春艺术的活力。苏绣复制出土文物中的刺绣品,尤其是古代刺绣精品,不但使人们看到了苏绣艺人的才智,更领略了苏绣技艺的精湛。

明代顾绣曾"震溢海内",而复制顾绣更是海内闻名。1957年,上海博物馆在展品工作中最早提出需要复制韩希孟的《湖石化蝶》等4幅刺绣册页,特请苏绣艺人顾文霞、李娥瑛等8人去上海,首次复制成功。1963年,故宫博物院委托苏州刺绣研究所复制由故宫收藏的顾绣代表作韩希孟8幅宋元名迹刺绣册页。徐绍青、顾文霞、李娥瑛等7人赴京复制,历时半年。这次由于时间充裕,苏绣艺人在古代艺海中游弋,认真观赏了故宫中的皇家珍品,仔细领略了露香园顾绣佳品中的神韵,复制更为精致。刺绣研究专家朱启钤对此题下12字评价:"超凡绝伦,前无古人,可敬来者。"对顾文霞所复制的《鹌鹑》赞道:"这幅作品颜色用得对,用得好极了,你们已超过沈寿!"

超沈寿,盖韩氏。当今苏绣已登历史艺术之巅,已至无所不能的境地。因此,复制皇家物品也只是等闲之事。1978年底,北京十三陵办事处委托苏州刺绣研究所复制定陵出土的万历帝孝靖皇后的吉服百子衣。复制前他们先对百子衣上的一百个孩童都作了编号记录,以确保和原作复制得一模一样;并对各种针法、色彩进行了详细分析研究,使之符合原作。专家的鉴定意见从各方面作了高度评价。沈从文说:复制的款式、工艺、色彩、纹样均有原文物效果,十分壮观富丽。黄能馥、陈娟娟认为:复制件在原件已褪色、破损的情况下,经过反复试验研究,突破技术难关使其款式、纹样、色彩、原材料、针法、刺绣工艺等方面基本上恢复了壮观富丽的原貌,复制获得了圆满成功。

大绷合绣《百子衣》

既然苏绣具有复制文物古绣的功能,那么苏绣本身就需要有一个属于自己的专业珍藏场所。这时顾文霞已在荏苒光阴中退了下来,正可以集中精力做一件早就想做的工作,办一个苏绣博物馆。这是顾文霞心中蕴藏了多年的心愿。为刺绣事业，她又忙碌着四处奔波呼吁。江苏省前省长顾秀莲来苏时，顾文霞抓紧时机向她陈述了筹办博物馆的见解。顾秀莲说这是件好事，打个报告吧。上下一致的事业心引起了共鸣。在1984年6月顾文霞写的请示报告上，省领导柳林签署意见："刺绣是我国传统艺术的精华之一，苏绣又是四大名绣之首，成立一个专题博物馆，我很赞成，赞成顾文霞同志的意见，请韩、沈、顾、孙、周阅示。"其中孙颔的批示代表了省、市领导对此的关怀和支持："此事我很赞成。已将柳林同志的意见转告方明(苏州市副市长)同志，他也表示支持……"省轻工业厅慨然一次性拨款20万元作博物馆开办经费。1986年9月，顾文霞特地选择了蕴含深意的重阳节，把"中国苏绣艺术博物馆"的牌子挂在修葺一新的环秀山庄门口。流传千年的苏绣正式宣告有了自己的专业博物馆，苏绣事业由此向更高层次发展。

博物馆成立后，顾文霞首先制定了以抢救、整理、复制、征集文物为重点的研究计划，并以继承发扬优秀传统将文物复制中的优秀技艺反馈于创新的举措，使千年古技焕发出艺术青春的魅力，带领大家创出了双面异色绣《双龙戏珠》地屏(该作品在1992年深圳精品展览会上获银杯奖)、《红楼梦十二金钗》屏风，绣制了以清徐扬《姑苏繁华图》为稿本的巨幅刺绣长卷等创新作品。在沈寿原作《世界救主耶稣》、《女优倍克像》由张謇后裔献归后，苏绣艺人又复制了这两件价值极高、艺术品位也极高的绣品。其中著名的《世界救主耶稣》复制工作在顾文霞指导下，由沈寿的第二代学生牟志红承担，在复制件鉴定会上获到会专家一致好评。通过对刺绣文物的研究、剖析和复制,丰富和促进了苏绣艺术。

中国苏绣艺术博物馆

复制历代的刺绣珍品,使其复现艺术青春,这是苏绣对我国文物事业的一大贡献,体现了苏绣艺术对历代刺绣品研究的水平,也是苏绣技艺超越历史的最好明证。苏绣摘取我国刺绣艺术中的桂冠,不是当之无愧的吗?

目前,中国苏绣艺术博物馆设展览厅3间:古代刺绣厅、明清刺绣厅和近代刺绣厅,已积累了战国、汉、宋、明、清文物两百余件刺绣作品,收集民间绣品一百多件,抢救、整理了许多宝贵的资料。曾先后征集并复制了部分宫廷刺绣精品,举办过"中国古今绣品陈列展"、"中国宫廷苏绣艺术展览",参与在新加坡举办的清代宫廷文物展览等。一件件精湛的绣品在向世人无声地展示我们民族的智慧与骄傲……

为了绣出艺术的春天,苏绣艺人创出了许多新针法、新技艺。苏绣艺人在保持苏绣风格的基础上,根据"适用、经济、美观"的原则,对刺绣工艺品作了一系列的创造、革新。

1980年,张美芳开始研究刺绣品的闪光效果,绣制了《闪光金鱼》、《闪光蝴蝶》。1987年,苏州刺绣厂焦维立和刺绣艺人配合创新,研绣成有声有光绣品《美人蕉彩蝶》台

战国中期对龙对凤纹绣衾(局部)　　苏绣艺术博物馆复制

《孙中山与宋庆龄结婚照》　　苏绣艺术博物馆复制

屏,美人蕉的花蕊能发出星星点点的光亮;蝴蝶翅膀上能闪闪烁烁放射出光点,使整件绣品呈现出迷人的色彩,同时,还传出声声悦耳的乐曲,把人们带入诗情画意中。这是传统苏绣技艺和现代科技结合的尝试。

1987年底,苏州刺绣研究所成功地首创一幅缂丝、刺绣浑然一体的缂绣艺术品《白猫熊猫图》。绣面为直径28

厘米的圆形，以棕绿色孔雀毛为底，一面是以细绣、小乱针等针法绣出油画效果的一只小白猫，毛丝蓬松；一面是运用缂丝、刺绣技艺缂绣制成的一只小熊猫，正在啃竹叶。这是在一层底料上，以不同的工艺、原料、色彩，缂绣成两幅不同图像的画面。作品由俞家荣、游伟刚设计，俞家荣缂制、钱红亚刺绣，前后历时一年多。该项工艺技艺是缂丝刺绣艺术发展史上的一大突破。

对苏绣技艺进行研究最早的是《丁佩绣谱》和《雪宧绣谱》，其要义至今仍为苏绣艺人所遵循。由于解放后苏绣的针法又有了很大的发展，所以老艺人朱凤初以《中国刺绣技法研究》、后以《苏绣》为名出版的两本书，作了这方面的总结。

解放后真正对苏绣技法进行研究的专著，第一本是李娥瑛主编的《苏绣技法》，1965 年 11 月轻工业出版社出版。李娥瑛在顾文霞及情报资料室孙佩兰的协助下，将苏绣技法一一整理成文。全书分六章，重点介绍了苏绣的基本知识，总结了苏绣 9 大类 43 种针法和应用范围，并附图示作了详细说明，还对实用品、欣赏品如何刺绣作了图示介绍，比较系统地总结了解放后苏绣技艺的成就。

苏绣针法绣法是：

平绣：齐针，戗针（正戗、反戗、叠戗），套针（平套、散套、集套），参针（擞和针、施针）；

条纹绣：接针，滚针，切针，辫子股，拉锁子，平金，盘金；

点绣：打籽，结子针，拉尾子；

编绣：泌绒，鸡毛针，编针，格锦；

网绣：网绣，冰纹针，挑花，桂花针，松针；

纱绣：纳锦，戳纱，打点绣；

辅助针法：扎针，铺针，刻鳞，施毛针；

缤纹针（即乱针绣）；

变体绣：双面绣，贴绫，穿珠，借色绣，迭绣，帘绣，发绣。

1989年10月，江苏科技出版社出版了由孙佩兰、张美芳、沈国庆合作的《苏绣针法与技巧》，全书以提问解答的形式，列出83个题目，一一设题解释了苏绣的针法与技巧，是学绣入门的极好辅导材料。

针法书是文字和图示，这还不够。苏州刺绣研究所还特地成立了针法研究室，由针法研究室主任李娥瑛主持，先后汇集针法过程图51页，计苏绣针法43种；另有花卉、果子、花鸟、日用品花鸟针法、现代人物、平金针法范本、草虫图、戳纱、绒针法、蝴蝶、格锦等针法汇编。这些针法研究成果经苏绣艺人绣制成样本，不但系统总结了苏绣针法，丰富了苏绣的表现能力，成为针法样本的集大成者，而且是留给后人的一份宝贵的针法技艺研究实物资料。苏绣业做了这些扎实的基础工作，又进一步走向社会、面向世界。

据我国对外文化联络委员会记载，截至1985年，中国曾先后到92个国家和地区办过各种类型的展览会，均有苏绣展品参加展出。参展的苏绣展品大都是苏绣名作。苏绣由此为世界各国人民所认识、所喜欢、所赞赏、所接受。

解放以来，苏绣艺人的代表到国外作刺绣技艺表演的就有一百多人次。如顾文霞于1956年在英国、1958年在瑞

1956年顾文霞在英国伦敦作刺绣表演

士、1979年在香港；1959年周巽先在苏联；1960年钱漱瑜、柳金燕、徐志慧在德国；1965年朱爱珍在法国；1975年牟志红在日本；1976年陈彩仙在英国；1977年张美芳在日本；1980年殷濂君在美国纽约、波士顿、华盛顿；1981年余福臻在日本；陈明在西班牙；1982年李娥瑛在澳大利亚，杜彩珍在日本，邱秀英、陆秀英赴日本作双面绣与和服腰带刺绣表演；1992年顾金彩在印度尼西亚雅加达“苏绣工艺展览会”上作刺绣表演；蒋雪英应邀赴日本达20次；等等。这些苏绣精英在世界各地以具体生动的刺绣操作、技艺表演，极好地对外宣传了精湛的苏绣技艺，使大家进一步了解苏绣，苏绣进一步走向世界。

苏绣艺术精品《猫》、《金鱼》等多次被作为国家礼品馈赠外国元首，成为中国特色的国家级礼品享誉世界。此外还有双面绣《鸣春图》屏风赠给美国总统尼克松，双面绣《月季花》赠给坦桑尼亚总统尼雷尔，双面绣《熊猫》赠给加蓬总统邦戈，双面绣《菖兰花》赠给日本皇后，双面绣《梅花》赠给朝鲜首相金日成等，为国家增了光，为苏绣争了荣誉。苏绣精品以其精湛技艺、地方特色和民族风格，被作为国家礼品外赠的有一百多幅。在对外文化交流和经济贸易中，苏绣作为友谊的纽带，发挥了特有的作用，成为国之瑰宝，誉传四海。苏绣艺术的春风随之吹拂到世界各地。

人们平时受到苏绣感染的是在舞台上看到的苏绣剧装戏衣，异彩纷呈，令人目不暇接。

三、添色增辉戏剧装

在没有电影、电视之前，人们文化娱乐很重要的一个方面就是看戏剧。苏州的昆曲历史悠久，影响全国。苏绣的剧装戏衣行销全国七十多个剧团，首屈一指。

刺绣类别中，有一个大类，就是剧装戏衣。演员们正是由于剧装戏衣的装扮，才符合戏剧中的历史朝代，才能进入戏剧中的各式角色。在《元刊杂剧三十种》的舞台说明中，有“披秉”、“素扮”、“道扮”、“蓝扮”的名目，这些都是对于舞台装扮的简写。披秉，即披袍秉笏，作官员打扮；素扮，即穿素服，作平民打扮。这些装扮来源于生活，但并不是实际生活中的服装，而是演员演戏穿戴的服装，是用以体现角色的身份、年龄、个性和生活习惯的，并显示剧中特定的时代、民族、地区和特定的情境，亦即“戏衣”，可见戏剧服装在戏剧中的重要作用。

沈朝初《忆江南》词云:“江南好,戏曲协宫商。院本爱看新乐谱,舞衣不数旧霓裳。昆调出吴阊。”苏州剧装戏衣业的兴盛自不待言,且随着昆曲走向全国各地。当时有无名氏《苏州竹枝词·艳苏州》道:“剪彩镂丝制饰云,风流男子着红裙;家歌户唱寻常事,三岁孩童识戏文。”把苏州昆曲穿戴唱戏普及的情状描绘在我们面前。

昆曲在各地风行一时,尤震曾形容昆曲在北京的盛况:“索得姑苏钱,便买姑苏女;多少北京人,乱学姑苏语。”在京腔中竟以学吴侬软语为时尚。清吴太初《宸垣识略》载,在清宫廷中还有苏州籍昆曲艺人聚集处“苏州巷”,在景山内苑西北隅,连房百余间,许多著名宫廷大戏如《劝善金科》、《鼎峙春秋》等,都有苏州艺人参与其间。宫中的戏剧穿戴,自然由苏绣承担了。

苏州昆剧戏班亦发展迅猛,据苏州老郎庙《翼宿神祠碑记》载,在清乾隆四十八年(1783)重修此庙时,仅苏州一地捐款的戏班就有四十余家。这老郎庙供奉唐玄宗时的教坊教师耿光为戏神,称老郎神;又说“霓裳羽衣舞”本是天乐,天乐总司是上界二十八宿之翼宿星君,故称“翼宿星君祠”。立于清嘉庆九年(1804)的《吴郡老郎神庙之记》碑文说:“吴郡山水之佳,故人物之秀丽,衣冠之彬郁,有非诸郡之所同者。”奉耿光为戏神的庙宇诸郡都有,惟苏州的耿光像塑得更秀雅些。《庙记》由翰林院编修孙星衍撰文,翰林院编修潘书璜书,提督浙江全省学政潘世恩篆额,可见戏剧在苏州的地位。清道光至民初,苏州不但有大章、大雅、鸿福、全福四大昆班，还有集秀班、高天小班、聚福班等专业戏班，以及许多业余爱好者所组织的十余个曲社。他们所需的戏衣取之于苏州是无疑的，而苏州戏衣还行销全国各地各剧种、各类剧团。不但畅销于江、浙、沪、皖、赣、闽、粤等地，而且北京市场上的戏衣，都是从苏州贩去转手销售的。

据业内人员李书泉介绍，清末杨恒隆店主杨鉴卿派出职员吴佑高、顾顺保等4人和学徒李鸿林去北京，在前门外李铁拐斜街升官店旅馆赁房间开设分销处，以低于当时北京市价70%的价格推销戏衣。市场上每堂官中蟒或官中靠的售价是白银150两，杨恒隆以银元150元低价竞争。因为当时这堂戏衣在北京当铺可当80银元，而苏州只售70银元，质当的价值已超过苏州卖价，产销地区差价之大，使戏衣商贩从中牟利。

苏州戏衣业职工工资偏低，影响了戏衣业的发展。所以，许多戏衣店因资金贫乏只能以销定产，接到定货业务才开始生产，利润一般只有15%左右。生产的淡季、旺季十分鲜明，俗称“五荒六月，七死八活，金九银十”，“三百天浪荡，六十天赶忙”。一年中的九月、十月份最忙，因为戏班子常在秋收后年终时节演戏，这时便要更新添置戏衣、戏具，所以戏衣业要在九、十月份赶制戏衣，一个旺季的生产，便足以扭转淡季的亏蚀。

全国解放后，苏州的戏衣业也走上了合作化道路。苏州剧装戏具厂成为戏衣业中名列全国首位的戏衣生产单位，历年生产戏衣品种达378种，销往全国73个剧种、一百多个剧团。

戏衣对于戏剧中人物的穿着打扮不可能按历史的原貌制作，只能是模仿，甚至还带有许多夸张，以戏化人物。《宋史·舆服志》就有诏禁："倡优之贱，不得与贵者并丽。"《金史·舆服志》规定："倡优遇迎接、公筵承应，许暂服绘画之服；其私服与庶人同。"封建社会对服饰等差特别强调，民间艺人的穿戴都受到限制。因此，戏衣对于历史服饰也只能是模仿，但也须在某种程度上表现出现实的或历史的生活真实感。同时，因为是演戏，在舞台上要吸引观众，戏衣还须是美观的，这种服饰也就成了经艺术夸张美化了的艺术装饰品，这也成了苏州戏衣的特点。如大靠、改良靠、八卦衣、女蟒、女靠等戏衣品种，古代并没有这种式样，但经过苏绣美化作为专用剧装却大受欢迎。

苏州戏衣以苏绣作装饰，刺绣分线绣和盘金两大类，又称洒花、平金。因不同的演出需要而有粗绣、细绣之分，或厚实端庄，或轻薄飘逸。粗绣则绣粗、线粗、图案粗，配合戏中武打的服饰，坚固耐用，不易磨损。细绣则绣细、线细、花纹也比较细致，表现戏中文雅的角色。刺绣线绒平薄，出边齐崭，丝缕匀称，光彩炫目；同时还广泛使用盘金、盘银，对剧装戏衣上各色线绒起分范、衬托作用，使图案轮廓更加清晰，色彩效果更加明显。常用针法是戗针、套针、接针、滚针、打籽等。图案设计出自苏州一批长期从事剧装戏衣制作的能工巧匠之手，因而具有江南地方特色。色彩秀丽素雅或金碧辉煌，这是根据刺绣传统和舞台演出需要而形成的。

外行看热闹，内行看门道。戏曲界有"宁穿破，不穿错"

的原则。人物一出场，内行的人一看就知道其历史地位和身份。

刺绣不但起装饰作用，并能衬托出不同人物、不同场合的戏剧情景。戏衣的质料、色泽、纹样、刺绣色彩都是不开口的语言，暗示了人物性格。如《杨家将》里的孟良、焦赞就穿"花脸"戏衣，大多以深色配金色，都绣满金，色彩特别耀目，表现人物勇猛、鲁莽和刚强的性格。而《西厢记》里的张生、莺莺，即穿色彩柔和、文雅、明快的服饰，这同他们的年龄、性格都相吻合。戏衣上刺绣的部位，一般在领圈、前胸、后背、肩臂等显眼的位置，门襟、袖口都镶以刺绣花边，人物一抬头、一举手、一转身，刺绣花纹便随之而动，在舞台灯光映照下，刺绣线绒因不同丝缕走向而光彩夺目，为舞台添色增辉。

赵匡胤陈桥兵变，就是由部下龙袍加身，推拥为帝。在看戏时观众不知注意到没有，龙袍与蟒袍是有区别的。皇帝穿龙袍，群臣着蟒袍，这在明代以来已成为定制。沈德符《万历野获编》中谈到蟒衣："蟒衣为象龙之服，与至尊所御袍相肖，但减一爪耳，正统(1436—1449)初，始以赏虏酋。弘治(1488—1505)中，阁臣刘健、李东阳等俱拜大红蟒衣之赐，辅弼得蟒衣自此始。"所以俗话说"五爪为龙，四爪为蟒"。只有皇帝、皇后、皇太后穿的才是真正的龙袍，大龙蟒袍在装饰上即五爪的龙形。在戏剧中蟒衣专为扮演帝王将相及品位较高之文武大臣所穿的戏服。苏州有男蟒、女蟒、大龙蟒等各式各色，各有所用，不可穿错。黄袍为皇帝穿用，深黄为亲王、太子穿用。红蟒为王侯、宰相、元帅、钦差大臣等地位较高者穿用。绿蟒为较高级武职官员穿用,最典型的是绿蟒关羽。据业内人士介绍,还有显著特色的关公靠,图案和色彩都别具一格,底料绿色镶黄色边,图案中用蟒,边上用孔雀毛铺满,用绿、黄两种花线合起来绣孔雀毛,条件好的剧团,关公靠都是定做专用的。白蟒为少年英雄人物,如周瑜、吕布、马超等。黑蟒为性格比较粗鲁、刚猛者穿用,如项羽、张飞、包拯等。此外还有紫蟒、粉红蟒等为其他角色穿用。女蟒的刺绣,一般是丹凤朝阳,再加上日、月、海浪、水纹等图案。金龙大龙蟒,是全部用盘金绣法制成的大龙蟒,最大的是前胸的盘金大龙(实为四爪之蟒),形成片片金光,特具勇猛威武之神,下幅八宝立水,出边齐崭,轮廓清晰,金碧辉煌。1980 年,金龙大龙蟒被评为轻工业部优质产品,1981 年,金龙牌全金大龙蟒荣获轻工业部百花奖。

在戏剧界和戏迷中,人人都知"四大名旦";而在四大名旦等名演员中,又人人都知苏绣戏衣业中的李鸿林。出身于"杨恒隆"的李鸿林,曾出入各个戏班,与管箱人员和演员打交道,结下了深厚友谊。后来他自己开了个"李鸿昌"店经营,与各地戏班联系更广,因而熟悉各剧种不同的服装风格,能根据演员各自的要求和剧中人物的身份特点随手创作出各种行头的式样。他善于造型设计,对成合缝纫制作技术也极精湛,并能绘画、刺绣配色,因此一些京剧名演员,如四大名旦、麒麟童、高百岁、李如春、李万青、孙钧卿、王琴生、王玉田等都请他定制戏衣,甚至远至四川重庆厉家班的戏衣业务,都委托他给办理。

这种定制的戏衣俗称"私房货"。一般都是艺术上有追

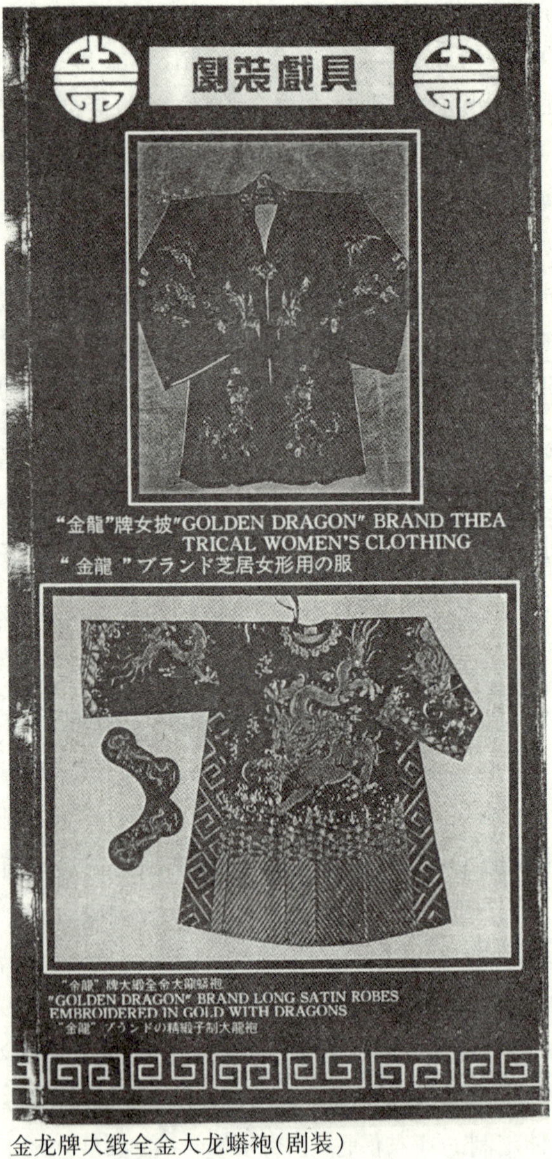

金龙牌大缎全金大龙蟒袍(剧装)

求、经济条件较好的演员，或是业余爱好者的“票友”，才定做私房货。根据四大名旦所演角色特点不同，他们的服饰、色彩、图案设计各有区别，梅兰芳华丽奔放，程砚秋娴静庄重，荀慧生活泼稳重，尚小云刚劲挺拔。当年梅兰芳多次来苏演出，同时在此定做私房行头。这样的戏衣行头便与众不同，在服装的质料上、刺绣的色彩上、造型纹样上都要作出种种创新。如梅兰芳的服饰大多是绣梅花与兰花的。一次梅先生在苏州开明大戏院演《贵妃醉酒》，观众见他身穿定做的镶边女蟒，中间绣满了万（梅）字图案，这是暗寓他的姓而设计的。周信芳来苏演戏时，特地为他在底幕上绣了一只特大的麒麟，这是示意麒派。1985 年，苏州剧装戏具厂特制巨型戏剧天幕，用于纪念周信芳诞辰九十周年“麒派艺术纪念演出”活动，高 8 米，阔 16 米，中心部分精绣一只麒麟，形如巨象般大，正是目如铜铃，昂首天外，脚踩祥云，雄姿勃勃，身上毛丝披金挂彩，尤其麟片碧绿生辉，用去金线达六万余尺。马连良登台演出，则台前大幕绣马八骏，桌围、椅披也绣马八骏，因为他姓“马”。这些都是名演员有不同寻常的要求，而苏州戏衣业亦有出奇制胜的技艺。

戏衣伴随着戏剧的兴衰而兴衰。在“文化大革命”时期，因只有“革命样板戏”，那些为演帝王将相、才子佳人而做的戏剧服装也被认为是“四旧”。苏州剧装戏具厂图案设计室所保存的所有戏衣资料、图稿、印版、样板，是戏衣绘画名手任再昌等前辈历年心血的结晶，全被付之一炬。十年“浩劫”后戏剧复兴，幸亏任再昌的弟子们能继承其戏衣图案风格，才使苏州剧装戏衣随着戏剧的复苏而再生。1980 年，轻工业部“全国戏剧服装专业会议”就选在苏州召开。

电影《红楼梦》拍摄场景(苏绣剧装)

由于戏剧毕竟跟不上时代的发展,除了一些传统剧团保留了部分优秀剧目,继承和创新的不多,因此戏剧逐步让位于现代的电影、电视。苏州剧装戏具厂一方面同全国各地各剧团保持联系,继续提供传统剧装戏衣;一方面走向现代化,受到电视剧的重视,尤其是演传统题材的电影、电视剧,就会来苏州定制服装。如《红楼梦》中林黛玉初入贾府,身着的绣衣秀丽雅致,不华不俗;薛宝钗入贾府,便穿着华贵的刺绣服饰:反映出两者不同的身世和性格。同一贾宝玉,时而锦绣满身,时而素装淡绣,体现其不同场合的兴致和情趣。电影《红楼梦》服装荣获第十届金鸡奖,总导演谢铁骊亲笔题词给苏州剧装戏具厂:“贵厂的精工制作理应分享荣誉,特此敬贺!”

电影、电视剧中的古装戏衣又不同于戏剧舞台上那么夸张，而是生活中的历史，在造型、图案、色彩等方面要接近历史生活，只能作适当的艺术夸张。为《水浒传》电视剧设计制作的2400套各式服装，比起《泰坦尼克号》中号称世界之最的一千多套服装来，那是翻倍的世界之最了。艳而不俗的潘金莲，身上的衣服就有绣花、丝网印刷、手绘、印绣结合等多种细微的工艺变化。一时间“宋江”、“林冲”、“扈三娘”等“梁山好汉”也多次来到苏州，量体裁衣。

从20世纪80年代为电视剧《红楼梦》赶制服装开始，一件件、一套套电影、电视历史剧的服装由苏州走上电影、电视屏幕，在全国人民面前展现其独特光彩，也为屏幕添色增辉。

“佛靠金装，人靠衣装”，古装剧人物主要靠服饰来装扮。盛大的宋代场景离不开剧装戏衣的展示，《杨家将》、《东周列国志》、《逃出紫禁城》、《鸦片战争》、《西施》等几十部大型影视剧的服装都来自苏州。由张艺谋和世界级指挥大师祖宾塔合作的意大利大型历史歌剧《图兰朵》，改编为明代背景的历史爱情歌剧，张艺谋为该剧六百多套服饰道具特地赶往苏州剧装戏具厂定制。苏州剧装戏衣走向了新的广阔舞台。他们不但为传统昆剧《牡丹亭》制作全套戏装，而且为现代无锡唐城、三国城，上海大观园，四川游乐宫等旅游景点仿古演出提供服装和道具。苏绣剧装真的是古为今用、推陈出新了。

四、奇葩三异叹观止

各类工艺美术品都有自己的最高成就，刺绣在发展过程中也向艺术高峰登攀，双面绣就是其艺术发展的相应产物。何谓双面绣？普通刺绣品都是一面绣成一定的花样图纹，反面是杂乱的线条和线头，只有正面可供装饰美化生活之用。双面绣是使一幅作品的正反面都成为整齐完美的绣面，两面可供观赏，这自然要高超的技艺水平。到目前为止，双面绣就是刺绣艺术中的皇冠。双面绣自有一段奇迹史。

在刺绣发展的历史长河中，以前双面绣是凤毛麟角，十分珍贵少见。1972年，浙江省瑞安慧光塔曾出土北宋双面绣团鸾经袱。宋代，是刺绣迅速成长的阶段，因此偶有此出类拔萃之作。双面绣最早出现在高档的日用品经袱上，这是信佛绣女虔诚努力、精心细绣的成果。这也说明双面绣的绣制，一是刺绣艺术成长发展到一定阶段的产物，一是刺绣艺人认真刺绣、巧思运针之作。以后直至清代，才有双面绣作品的传世。这是因为清代的刺绣技艺已达到随类赋彩、任意施展的境地了；而且这个时期社会生活的繁华、使用者别出心意的追求，也促使双面绣发展起来了。

故宫博物院高䜣贞介绍，有一件清乾隆时期双面绣中绣制水平最高、保存最完整的作品双面绣《富贵寿考围屏》，纵192.5厘米、横251厘米，是用黄色直径纱为地，所绣牡丹、石榴、芙蓉、菊花、灵芝、竹石等，生动多姿。作品两面花色相同，绣工整齐，不露线头，绣面精致。围屏的边框是描金云蝠暗八仙和串枝花蝠，底座为黑漆描金皮球花与云龙戏珠，背面饰如意卷草纹。这确是件珍贵的围屏，双面绣和边框底座相得益彰。

在南京博物院藏有清代双面绣纨扇和团扇各两把。纨扇是双面绣的蝴蝶花果、花鸟；团扇是双面绣的花蝶，扇面直径都在25厘米以上，都是细绢为面。从扇子应用角度讲是日用品，但这些扇子日用和艺术如此结合，已是艺术为主

双面绣《碧桃鹦鹉》台屏

了。双面绣要有特定的品种,需要两面观赏。这样精致的双面绣团扇,一柄在手,清风徐来,兼作两面观赏,心旷神怡,正是恰到好处。双面绣是当时社会生活的产物。

这些双面绣品的图案、针法、色彩都属于苏绣风格。苏绣双面绣是早就存在了。在苏州地区的民间也有着双面绣头巾、手帕等服饰小品,乡镇绣女称之为"两面光",意即绣品不分正反面,两面都光洁、整齐、无线头。苏州双面绣品集中反映了当时苏州的社会文化和苏绣的技艺水平,标志着苏绣在清代的成就。足见苏绣在清代就有了双面绣的基础。

新中国第一幅双面绣是 1955 年绣制的《五彩牡丹》插屏(于非闇稿)。历史上双面绣仅是单色绣,现在要用散套针绣出牡丹五彩的深浅浓淡之变化,亦非易事。在朱凤指导下,由李娥瑛、王祖识、蔡文华三人合作,在研究日用双面绣品的基础上,试绣成第一幅双面绣艺术欣赏品。受到第一幅成功的鼓励,即由李娥瑛、王祖识、蔡文华、王荣珍、顾文霞、王宝珍、徐素珍、吴玉英 8 人组成双面绣小组,进一步试绣双面绣的其他作品,在题材、针法、色彩、技艺等方面有了新的突破。苏州双面绣在城郊一些刺绣基地几乎到了普及的程度,在市场上也到处可见。

1956 年 10 月 4 日至 12 月 7 日,苏州接受湖南湘绣联社杨应修等 12 名设计、刺绣艺人来苏培训,使之学会了乱针绣领袖像,用散套针和打籽针绣各种图案,并教授刺绣了双面绣花鸟屏条等艺术性较高的产品,从此将双面绣技艺传向各地刺绣同行。

在 1958 年大搞技术革命和技术革新的高潮中,人人创

双面绣《松龄鹤寿》

新。一些青年绣工创出了用打点绣针法绣制的双面绣书签，李娥瑛受此启发创出用戳纱方法绣制双面绣，使书签既富于装饰性，又富于艺术性。邹斯娴创新了双面乱针人像《香港演员石慧像》，任嘒闲创作双面绣发绣《列宁像》，由蔡振渊设计、实验工场集体创作的双面打籽绣《大理菊》等参加了1959年的第一次全国工艺美术展览。苏州双面绣艺品在全国性展览上首次亮相，受到一致好评。1959年，还绣制了当时历史上最大的双面绣经典之作《松龄鹤寿》(3.2米×1.5米)送到北京陈列在人民大会堂江苏厅。1960年，首次绣制六扇双面绣《花鸟通景屏》二堂，作为前国家主席刘少奇的出国礼品，中国双面绣作品由此传向了国外。

双面绣《松鼠葡萄》(1982年评获中国工艺美术百花奖金杯奖)

使双面绣闻名海内外的是“苏绣猫”。1956年，王祖识首次试绣双面绣小猫，迈出了成功的第一步。1961年，夏水金绣制的《花猫》在北京团城展出，被誉为“状元猫”。

双面绣《白猫戏螳螂》(1982 年评获中国工艺美术百花奖金杯奖)

1964年，盛景云设计创作白色的长毛《波斯猫》，广受欢迎。1972年，第一幅用尼龙绡为底料绣制的《白猫戏螳螂》在全国工艺美术展览会展出，并为《人民日报》刊登。1973年，确定5幅曹克家设计的《白猫戏螳螂》、《金银眼波斯猫》、《花猫》、《友谊猫》、《玳瑁猫》为名稿，只用来绣双面绣，以突出和保持"苏绣猫"的艺术特色。

洪芝范、仲秀英等又把戳纱技巧上的双针打点"接头无痕，接色无纹"等技法试验运用于大幅艺品上，绣出了戳纱双面绣《牡丹》屏。李娥瑛、任嘒闲、顾文霞等针法研究组人员又深入研究了各种针法和画稿的特点，创造了"双匀针"双面绣法。在表现效果和技艺处理方面，1964年又把两幅双面绣金鱼分别夹入三层玻璃嵌入圆屏，组成双面双层绣。

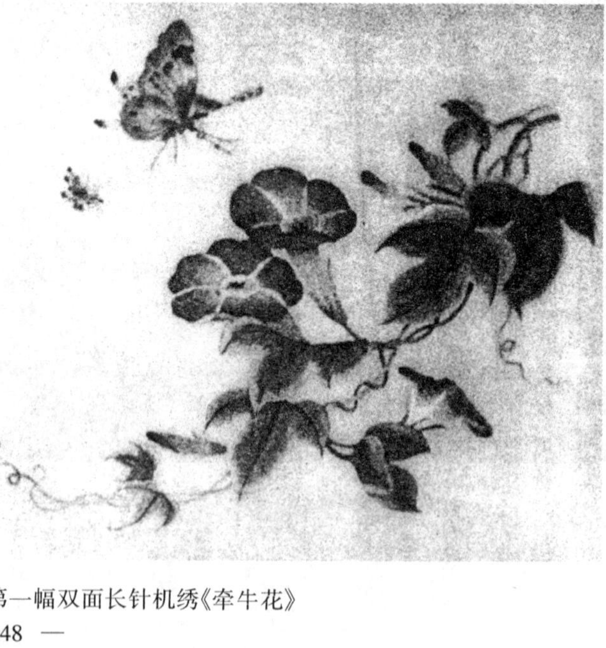

我国第一幅双面长针机绣《牵牛花》

在双面绣的底料选用上，也从纺绸、塔夫绸、绢纺到尼龙绡，并开发出高经纬密度真丝绡，轻薄透明，传之久远，使双面绣的立体艺术效果更强。

心高艺精的苏绣艺人并不满足于传统双面绣的恢复和发展，在针法技法方面大胆开拓了双面异色绣等新技艺，在我国刺绣史上创出了好几个第一。双面绣是正反面完全一样的图案、针法、色彩，双面异色绣是两面图案、针法一致而色彩不一样。双面异色绣首先在机绣过程中实现，是从机绣发展而来的。

1959 年 4 月，在青岛召开机绣交流会，苏绣厂殷忆娟应邀参加。因为苏绣厂曾派殷忆娟等在 1958 年去青岛学机绣，为了展示学习回来的成绩，殷忆娟特地创制了我国第一幅机绣双面绣《牵牛花》小插屏带去交流。机绣双面绣是利用缝纫机底面线组成的绣面，除了恰如其分地调整面线、底线外，还要凭机绣工人的机绣技艺，一针不差，一丝不乱，全凭女红功夫。1965 年 3 月，殷忆娟又创制出我国第一幅双面异色机绣《山茶燕子》，这一切启发了艺人。

1966 年 4 月，苏绣厂邱秀英、殷濂君在研究机绣双面异色绣的基础上创制成手绣的双面异色绣《刘英俊》（123 厘米 × 88 厘米），一面是黑白稿，一面是彩色像，这是我国第一幅双面手绣异色艺术欣赏品。接着又绣制了《亚非儿童》，一面是非洲儿童黑肤色，一面是中国儿童黄肤色；后又用乱针绣法绣成了《海岛女民兵》，一面是白天，一面是夜晚。题材选得好，绣成双面异色，饶有情趣，令人观赏后赞叹不已。双面异色绣艺品，除了双面绣的一般要求外，还要照顾双面针脚、丝缕，做到双面色彩互不影响，针迹点滴不漏。苏绣在针法的变化上又加入了技巧的运用，开创了刺绣艺术的新天地。

时值“文革”，蔡凤华和庄克茵等人绣成了长2米、宽1.56米的双面异色绣地屏《毛主席像》，绣像一面为彩色，一面为黑白，毛主席坐在沙发上，一杯茶，脸带笑容，由蔡凤华开相绣成。作品现存于苏州刺绣厂陈列室。殷濂君和朱世英则绣成了一幅巨型的《毛泽东和林彪在天安门城楼检阅红卫兵》的画像，也是一面彩色，一面黑白，作品曾在广州交易会上展出过，后来将此绣品赠给了轻工业部。这是两幅最大型的双面异色绣。因是特殊年代的产物，也颇具收藏价值。

之后，苏州刺绣厂又绣过好几幅双面异色绣的艺术欣赏品，如《花狸猫》、《月季》、《郁金香》等。其中《月季》获1981年江苏省工艺美术百花奖。这幅《月季》一面为粉红色，一面为淡黄色，花瓣翻折自然，质感强烈，叶片绿中带紫，光线明暗层次分明，同时又为双面异色绣，确是不易。为了表彰苏州刺绣厂创造发明双面异色绣这一重要科技成果，有关领导对此技艺成果予以充分肯定。

此后，异葩竞放。苏州刺绣研究所任嘒闲、赵骊珠在1967年3月完成了双面异色异样绣《刘英俊·王杰》，一面是王杰，一面是刘英俊，两个不同的人物，两面不同的色彩。这是我国第一幅双面异色异样绣的艺术欣赏品。同年，宋菊英又绣制成双面异色异样绣《毛主席休息·毛主席办公》。这也给后来的双面三异绣以启示。

你能想像得到吗？面前同样是一个插屏，一面是向右

双面三异绣《小白猫和叭儿狗》

蹲伏的小白猫，文静可爱，茸毛柔顺，绣面细腻和顺，犹如工笔画般清秀；一面是向左蹲伏的棕黄色叭儿狗，憨厚有趣，毛丝相叠，绣面粗犷浑厚，好似油画一样艳丽。若不是亲眼所见，谁能相信这被称为“双面三异绣”的艺术精品，竟都是绣在同一幅薄如蝉翼的尼龙绡两面？两只不同的小动物外形轮廓正好吻合一致，天衣无缝，猫以散套针为主，狗以乱针绣为主。这就是中国第一次开发创新的双面三异绣。双面三异绣《小白猫和叭儿狗》由金兴元设计、殷濂君研绣而成。双面三异绣(有的地方也称之为双面全异绣)，是指在同一幅底料上，绣出两面色彩不同、图像不同、使用针法不同的刺绣技艺，所以是双面异色异样异针绣。

到过苏州西园罗汉堂的游客都知道，罗汉堂内的济公像塑得与众不同，他有一个特点，就是从一个侧面看济公是在笑，另一个侧面看济公是在哭，中间正面看是啼笑皆非。这个题材被苏州刺绣厂钱香岩根据设计绘成后，由邱秀英用来作双面三异绣更是形象生动，恰到好处。邱秀英在刺绣时考虑到这一特点，在色彩上一面济公鞋帽衣服以青灰色为主，一面以瓦灰色为主；在图像上一面笑容可掬，一面哭笑不得；在针法上一面以散套针为主，一面以乱针绣为主。

双面三异绣《济公》

1980年，苏州刺绣研究所在徐绍青设计、李娥瑛指导下，接连绣出了双面三异绣《鹦鹉仕女》（李娥瑛、牟志红、吴玉英绣制）、《白猫与熊猫》（余福臻、刘丽英绣制）、《金丝猴与哈巴狗》（张美芳、冯丽忆绣制）。其中《鹦鹉仕女》，一面看去，仕女站在栏杆外，是仕女发髻和背部，另一面看则是栏杆在身后，是仕女正面脸部，两面观赏形成仕女在栏杆内外与鹦鹉在交谈。此外，人物、翠竹、帘子、栏杆等呈现异色、异容、异针、异景，精工绣成，堪称绝艺，令人叹为观止。后来1981年湘绣的双面全异绣《杨玉环》也是仿效苏绣绣

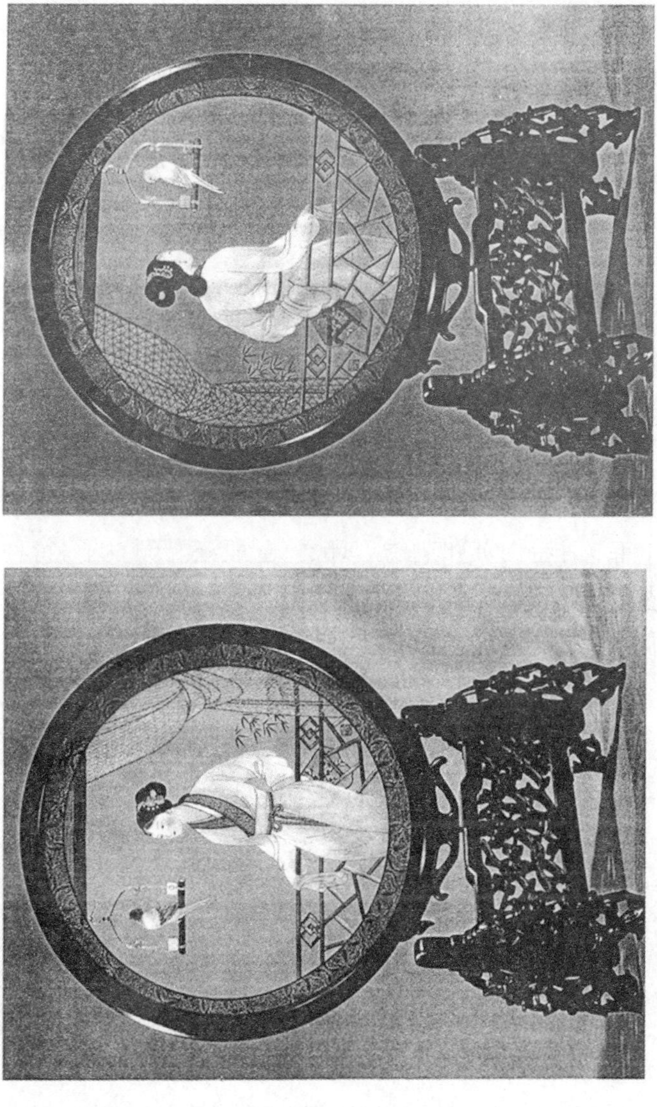

双面三异绣《鹦鹉仕女》

成,被报道称誉为“超级绣品”。

我国的刺绣创始于原始社会,还没有创造发明的权益意识。由国家专利文献出版社出版的《世界发明》1982年第2期,在封底刊登了苏绣双面三异绣《济公》和《小白猫和叭儿狗》的彩色照片,向全世界公布了这一新发明。双面三异绣是继苏绣双面异色绣后的又一重大创新,在双面绣技艺上是超凡绝伦的技巧、巧夺天工的艺术。不仅在苏绣史上是首创,而且在中国刺绣史上也是空前创举,当然在世界刺绣史上更是独创。1982年8月19日,原轻工业部副部长季龙在中国工艺美术百花奖第二届评审会总结报告中说:“苏绣……近年来首创的双面异色、异样、异针的三异绣,将刺绣技艺提高到了一个新的阶段。”苏州市政府为此于1981年3月特向苏州刺绣厂邱秀英、殷濂君颁发了《特种工艺奖证书》和奖金,以鼓励她们对苏绣艺术所作的杰出贡献。

苏绣艺人将双面绣发挥得淋漓尽致,反映了在技艺上精益求精,在艺术道路上不断探索前进的执着精神;苏绣艺人凭着这种精神,将传统艺术与现代科技相结合而创出的成就,也令世界惊叹。

五、艺术科学展未来

随着社会的发展,苏绣也逐渐与机械、电脑合作,并且创新成功,在全国遥遥领先。

所谓机绣,就是利用缝纫机为工具进行的刺绣。机绣的历史只是近百年的事,因为缝纫机的历史才一百多年。机绣是工业化生产的产物,是现代机械、电子、微电脑发展的产物。

世界上第一台缝纫机是美国何奥(1819—1867)发明的,后来美国艾萨克斯·辛尔利用他的机样,作了改进并大批生产,缝纫机才开始在世界各地流行起来。以辛尔命名的缝纫机以前译为"胜家",在我国上海等地有售。人们初不识,还认为是奇器。在王韬的《瀛壖杂志》中有这么一段介绍:"余寓(上海)之南郊,美国妇秦娘者……家有西国缝衣奇器一具,运针之妙,巧捷罕伦。上有铜盘一衔双翅针,下置铁轮,以足蹴木板,轮自转旋,手持绢盈丈,细针密缕,顷刻而成。余偕孙次公往视,次公口占二十八字贻之,云:'鹊口衔丝双翅开,铜盘乍展铁轮回,掺掺容易缝裳好,亲见针神手制来。'近时此器盛行,缝人每购一具,可抵女红十人。"这则记载说明缝纫机在当时人们眼中是"奇器"、"针神",新奇得很。

我国在20世纪初先有经销和修配进口缝纫机的商店,后来才有缝纫机整机及零部件生产的企业。上海牌子最老的协昌缝纫机厂推出的第一代JA型家用缝纫机曾在广告中吹捧这种缝纫机"坚固得能缝制铁皮",未免夸张失实。当时上海南京路江西路路口有家美商缝纫机公司,经营胜家缝纫机。由于人们对此还很陌生,美商采取两种办法扩大销售:一是对于殷实店铺的铺保可以分期付款,吸引一时无购买力的市民购买这种进口货;一是该公司负责教授缝纫、机绣等技术,以证明该缝纫机的多种功能,凡购买胜家缝纫机的,都可以享受免费学习。这样,在推销缝纫机的同时无形中推广了机绣。因此,当时有条件购买缝纫机的,在使用缝纫机缝衣的同时,便开始了机绣。机绣由此在我国逐步推开。

苏州是上海的近邻,解放前夕有几个家庭妇女已掌握了机绣技能,在绣制枕套。由于机绣能在日用品枕套上发挥作用,需要量大了,要学习机绣的人也多了,此时便有了教绣的学习班。据《新苏州报》1951 年 2 月 10 日刊登的"新艺机绣缝纫学习班新春招生"的广告,可知当时机绣已在提倡之中。这是平安坊张慧鉴主办的。以后,又有阙莲珍、俞玉珍、唐敏玉三人在河西巷合办机绣学习班,招收学员学机绣,每天学 2 小时,学费每月 6 元。机绣在苏州开始兴起。

1955 年 4 月,在市妇联领导下,散居苏城的家庭副业机绣工分别成立了机绣生产小组。1958 年以后,市内机绣分布在几个刺绣专业工厂的机绣车间,专门从事机绣生产。在一段时间里,还有苏州绣品厂驻沪车间。这是解放初期苏州发放机绣枕套、被面给上海加工而形成的上海机绣队伍,1963 年在册人员 177 人,客观上为上海保持和培养了一批机绣人员。1966 年 6 月,这批机绣人员大部分转入上海绣品厂工作,驻沪车间便撤销了。

苏州机绣历史虽短,发展甚快。在解放前只有少数几个人操作,针法仅打籽、拉针、贴绒等数种。解放后由办机绣生产小组到建厂,连机绣外发也有近万人。至 1982 年,苏州绣品厂设计室的机绣实物样板的针法已有:宝石针、珍珠针、冰雪针、腈纶针、尼龙网眼针、桂花针、月亮针、彩霞针、春苗针、拉丝针、雪花针、长城针、梅花针、光芒针、蘑菇针、蝴蝶针、闪光针、葡萄针、繁花针、梯田针、朝阳针、蝶花针、孔雀针、半松针、绒花针、锦花针、包梗挖绣、菊花针、迎春针、网格针、半花针、珠宝针、华霞纱贴绣、斜松针、花奔针、钻石针、加减针、鸡毛针、链条针、反戗针、毛巾针、条纹针、芙蓉针、彩虹针、菠萝针、茶花针、萱草针、飞燕针、人字针、红叶针、影格针、蓓蕾针、长针、拉针、打籽针、红菱针、松花叶、水草针、对花针、冰花针、礼花针、二针半、城墙针、钢针绣、麦穗针、鱼鳞针、鸳鸯针、密云针、蓬莱针、锦文针、红麦针等 71 种针法绣技(这些针法名称还是有待整理研究的)。其中常用的有长针、拉针、拉网、挖洞、翻底线、包梗等十余种。

苏绣总是与众不同。各地机绣都是短针绣,惟苏州刺绣厂独创了长针绣。这是结合苏绣手绣针法而创新的机绣针法,是苏州机绣的一大特色。机绣由此分为短针绣和长针绣两大类。创始人是苏州刺绣厂的殷忆娟。

殷忆娟 1919 年生于吴县木渎,10 岁学绣,以后就长期承接绣品加工,掌握了苏绣传统技艺。1954 年开始学短针机绣。1958 年,她被派去青岛机绣厂学习 4 天短针绣,用的线粗、重、毛,因而绣出的花朵粗糙、硬、厚,色彩上缺少过渡色。回苏后,殷忆娟不断探索怎样才能使机绣绣出苏绣匀、细、薄的效果。她试用苏绣的平套针法绣成一朵牡丹花,又平又薄,由于色彩上运用换线套针绣,所以也有过渡色,艺术效果与手绣无异,而工效比手绣提高了 2 倍。殷忆娟又和俞琦芳运用长针机绣绣制靠垫、鞋花、枕套等日用

苏绣长针机绣创始人殷忆娟

品。由此全面推广长针机绣。

1959年5月，全国机绣交流会在青岛机绣厂举行。为了向大会献礼，殷忆娟经反复试验，终于创制出第一幅长针机绣的艺术欣赏品双面绣《牵牛花》小插屏，带到青岛展出，引起与会代表的轰动。会后，殷忆娟进一步向手绣艺人任嘒闲学习传统苏绣艺术品的绣制技艺，随后又从机绣车间挑选鲁桂珍、沈依云、王彩云、杨雪珍、赵桂芳、吴志毅6人组成针法样板组，专研机绣艺术品。由于长针绣主要是模仿手绣的针法技艺，从中脱胎而来，所以就苏绣传统特色来说，基本上达到了要求。机绣总比手绣快，所以长针机绣对于传统苏绣是个跃进。

倘若将机绣的被面和手绣的被面放在一起，外行人几乎难以分辨，业内人也要仔细判别才能分清。当机绣在苏

苏绣长针机绣靠垫

州初生时，有的人还不承认其为苏绣，认为这是外来的、新生的，与苏绣传统不相合。后来，苏州长针机绣以其艺术成就使人们不得不刮目相看。苏绣的机绣终于登堂入室，获得了苏绣行业的认可和赞赏。

从此，苏州机绣得到长足的进步。一方面以机绣短针绣结合苏绣中的虚实针、长针绣结合苏绣中的散套针；一方面又将这种苏州的短针绣和长针绣结合在一起形成长短针绣。这就使苏州的机绣技艺创出了新水平。殷忆娟和她的伙伴们先后以苏州的机绣绣制了《博古》屏条、《蝶穿牡丹》双面绣插屏等艺术绣品。1960 年，由殷忆娟绣成的双面长针机绣《仿古百鸟图》长方形台屏，被苏州工艺美术博物馆收藏为馆藏珍品。绣面上雄鸡、寿带、燕子、松树、牡丹，真

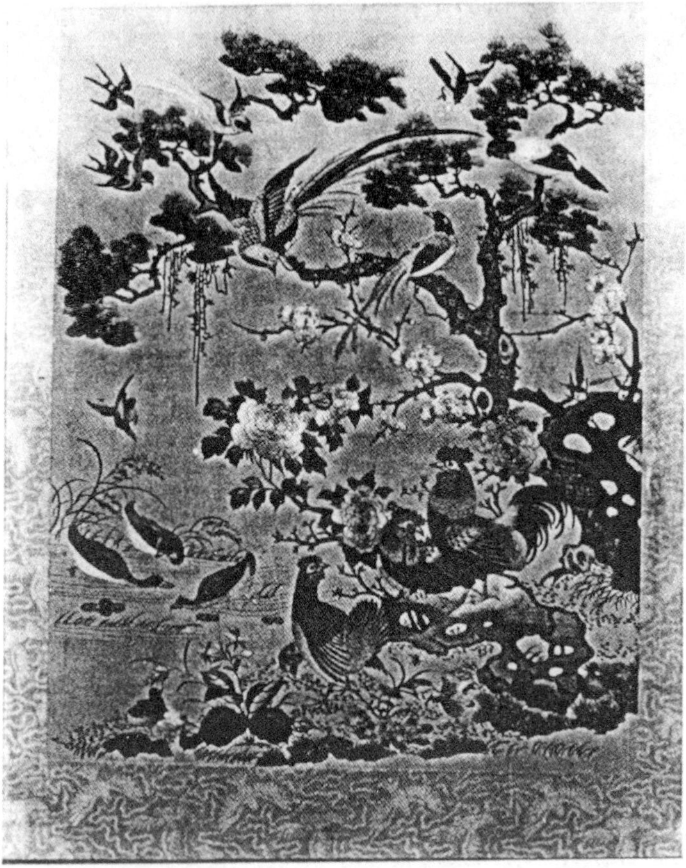

长针机绣艺术品《仿古百鸟图》台屏

是精细雅洁，内行人也看不出这是幅机绣的双面绣。

苏州的长针机绣艺术精品已和手绣艺术精品一样达到了神化的艺术境界，成为苏绣的一个重要组成部分。传统苏绣武装了机绣，机绣吸收了手绣的针法技艺，而生产效率自然得到了很大提高。机绣的创新后来竟启发、促进了手绣双面异色绣的诞生，机绣使苏绣双面异色绣产生了革新和飞跃。苏州的手绣、机绣已成为一对艺术姐妹，相辅相成。

细心的人们可能会发现在机绣日用品方面，国内结婚绣花用品90%以上是使用的机绣日用品，价廉物美，有时代感。苏州机绣从针法技艺、图案纹样、绣品底料等方面也不断改进、创新和发展。苏州绣品厂创新的雕绣枕套在上海第一百货商店一亮相出售，迅即风靡全国。机绣的裥枕、靠垫等高档用品，都能达到平、光、齐、细等苏绣技艺水平。有的机绣品还能结合喷绘、印花、手绘、贴绣等工艺，省工而富有艺术性。机绣日用品已取代手绣日用品而进入千家万户。1979年，在全国机绣产品质量评比中，苏州绣品厂的机绣单百折边枕套获第一名。苏州的机绣产品90%都是外贸出口产品，深受世界各国人民的欢迎。北京人民大会堂江苏厅的全部窗帘、门帘，都是苏州绣品厂设计装饰的雕绣产品。

机绣精工绸，是国内仅苏州刺绣厂一家于1958年开始生产的绣品。主要采用素纱、真丝绡、星纹绉为原料，以熟经、人丝线、金银皮为绣线，除了机绣，还有雕烫等技法。精工绸刺图案的特点是图纹连环加回复，花纹变化自如，花型、色彩均不受刺绣工艺的限制。精工绸的胚绸篇幅能大能小，不但能加强图案设计的灵活性、广阔性，而且出样快，翻新变化快，能达到国外纱龙所不能达到的艺术效果。精工绸销香港转售，宜制各种服装、披肩，也可作窗帘及其他装饰，是苏州机绣中独具一格的装饰艺术绣品。

苏州机绣的脱颖而出，使之成为不可忽视的苏绣生产力量。全部是机绣的苏州绣品厂，1981 年外加工点达 71 个，遍布江浙两省，加工人数达 7648 人。苏州刺绣厂的机绣品年产量，1985 年为 2478.77 万对(套)，其中外销 1146.84 万对(套)。解放以来，全国各地都形成了相当规模的机绣生产企业。其中规模较大、具有一定影响的专业生产单位，在江苏已有苏州绣品厂、无锡中华绣品厂、常州绣品手帕厂、南通绣品厂、常熟绣品厂、盐城工艺绣品厂等，江苏已成为全国的重要机绣基地。产品畅销国内外，如美国、德国、日本、法国、泰国、中东和非洲、欧洲等国家和地区的机绣日用品、装饰品就来自江苏。

苏绣机绣精工绸

江苏省的机绣水平在全国居首位，因此轻工业部才委托江苏承担《机绣工艺》的编写。这是按 1986 年制定的《抽纱中级技术培训教育计划和教育大纲》要求编写的专业教材，也是迄今为止我国机绣专业惟一的权威著作。全书 25 万字，1989 年由江苏科技出版社出版。该书由苏州绣品厂高级工艺美术师朱龙泉担任主编。朱龙泉，1944 年生，1962 年毕业于苏州工艺美术专科学校，长期从事机绣的创作设计工作，为中国工艺美术学会设计家研究会副秘书长、中国工艺美术百花奖全国评委,1984年担任伊丽莎室内绣花系列设计,获中国工艺美术百花奖优秀创作设计一等奖,1993年入选《中国当代高级科技人才》。由他主编《机绣工艺》,也表明苏州机绣在全省、全国的地位和水平。

当机绣发展到一定阶段时,随着世界科技的发展,出现了效率更高的电子绣花机。以后又发展为电脑绣花机。苏州在这方面也有自己的独特的创造,为国争了光。

先是苏州刺绣厂于1975年从西德进口了一台20个机头的电子绣花机。但这种绣花机只能绣图案型、卡通型的绣面,由不同色块组成,而且针法也有一定限制,不可能绣出苏绣传统风格的针法和色彩。为此,苏州刺绣厂首次提出了要进行国产电子绣花机的研制。

在市科委组织下,苏州机械研究所的王云森自告奋勇,与苏州刺绣厂电工仲永钦、金工孙荫椿、绣工蔡则英等组成会战组,在技艺力量相对薄弱的情况下,经过会战组的日夜努力,于1978年3月试制成功一台有绣花机头的电子绣花机,当洁白的缎面上一朵初具苏绣特色的牡丹花被这台国产电子绣花机自动绣出来时,有人禁不住吟道:"纸带吐码,自动绣花;旷古奇今,苏绣新花。"这是指当时采用纸带打孔编码进行苏绣针法编程,使电绣机自动刺绣出有色彩深浅层次过渡的牡丹花;这种苏绣编程能自动绣花朵,是旷古未有之举,世无先例。

单机初试告捷,鼓舞人心。1979年,又试制成功带有4台绣花机头的电子绣花机,解决了联动传动问题。这两种电子绣花机都由专用数字控制机控制。紧接着会战组又提出研制电子绣花机群控的设想和方案，后来成为国家科委支持下的中试项目“多头电子自动绣花机机群”。1983年，由一台多功能编程机支持下的共13套（每套3台绣花机头）自动绣花机组完成并投入生产。

国产电子机绣圆靠垫

随着20世纪80年代微电脑的推广和应用，苏州的电子绣花机也从初级阶段改进为微电脑控制的电绣机，软盘片取代了穿孔纸带，国产电绣机跃上了新台阶。1988年，已调任苏州市工艺美术研究所所长的仲永钦、王云森为国产电绣机的批量生产与推广应用尽了极大努力。当时的情况是：苏绣名驰中外，产品销路好，出口创汇高；但绣工队伍不稳定，刺绣工价每天仅2元左右，而苏州郊区的日平均收入可达4元以上，因此随着刺绣劳动力的不足，直接影响到刺绣品的生产。以江苏省为例，1984年工艺美术行业农村外发加工人员为45万人，1986年降为20万人；而且机绣老艺人的刺绣技艺缺少传人，优秀技艺难免失传。全国各地已进口560台电绣机，花去外汇1100万美元，国产电绣机还可以产顶进，节约外汇。因此迫切需要推广国产电脑刺绣机。1988年11月，由苏州市工艺美术研究所和国营二六七厂联合开发研制成的“电脑刺绣机及其编程系统”问世，首批12台在开鉴定会时即被抢购一空。随后年产50台、300台，仍供不应求。

“国产电脑刺绣机及其编程系统”这项苏绣的科技成果，接连获得全国轻工科技进步金龙腾飞奖、国家科委高新技术产品“火炬杯”奖(全国高新技术获此奖仅21项产品)、轻工业部科技进步一等奖、国家科委科技进步二等奖、全国轻工首届博览会金奖、全国首届科技贷款成果展览会金箭金奖等奖项；并成为苏州市首次科技重奖科技人员(奖励50万元)项目，轰动一时。其首创主要在于：

(一) 其电脑刺绣机全部使用国产零部件，是我国自行设计创造的机电一体化先进产品；

(二) 其多功能编程机，能表现我国四大名绣的针法特色，表达丰富的色彩层次，具有绘画艺术效果；

(三) 其绣花图形编程系统，既能实现国外机图案式编程，又能对多功能编程机贮存的四大名绣风格特点进行编程和提高，具有自己的特色和先进性。

国产电脑刺绣机及其编程系统所绣《十鹤图》

鉴定意见认为："该成果中刺绣机和两种编程系统在整体上有机组合及功能，在国际上尚无先例。"由于刺绣是一种艺术，如何娴熟地运用各种刺绣针法，精心安排色彩和层次变化，决定着一幅绣品的艺术水平，能否体现艺术效果是刺绣最根本的问题，而国外机恰恰在这一点上望尘莫及。在这里，艺术与科学，刺绣与电脑，落后与先进，通过人的努力，使事物发生了变化；艺术发展到科学的高度，科学体现出艺术的魅力。最原始的一针一线的刺绣与最先进的瞬息万变的电脑有机地结合在一起，开出了苏绣新花——艺术与科学相融合之花。

苏州的国产电脑刺绣机及其编程系统可在各种面料上刺绣服装、日用品、商标、装饰品、艺术欣赏品等各类绣品，性能价格比远优于国外同类产品，一般用户买得起，又便于修理。浙江省温州一带的个体经营者藉此形成了刺绣加工业，一户就拥有十余台国产电绣机。苏州国产电绣机有效地满足了刺绣业的需求，远销四川、湖南、辽宁、浙江、北京、天津等地。苏绣业为全国刺绣业的发展作出了贡献，同时还在科技上为国家增了光。

与电脑刺绣机有密切关系的软件编程，一般都是 CAD 打版系统，是利用计算机辅助设计系统来编制图样和针法排列。在编程方面，苏州又承担了江苏省科委"八五"重大科技攻关项目"高性能电脑刺绣系统"，由东南大学、南京大学、苏州市工艺美术研究所共同合作攻关。

这项攻关开发的项目又居世界领先地位。下分三个子系统：刺绣画稿自动生成系统，能自动生成刺绣画稿，改变传统一笔一画的绘制方式;刺绣画稿创作辅助设计系统,提供自动生成刺绣画稿的先进方式,明显提高画稿设计及整个电脑刺绣过程的效率与质量;智能刺绣编程系统,能优化模块,自动扩边,自动打版编针,使绣品表现丝理变化及色彩的自动过渡,体现绘画艺术效果。这三个子系统又可联调合用,可支持各类电绣机应用。《姑苏晚报》在1994年12月15日报道时称:"苏绣针法实现计算机语言化。"这是现代新技术和传统的绘画设计、刺绣工艺结合的成果,是现代科技改造传统产业的成功之作。后来由于科研人员的变动,又是涉及几个单位的合作,所以在后期系统商品化应用过程中没有得到应有的提高、完善和推广,殊为惋惜。

苏州国产电脑刺绣机及其编程系统率先在我国研制成功,在我国刺绣史上是一大发明,为我国刺绣生产的现代化作出了贡献。苏绣功不可没。

六、天时地利谐人和

红花虽好,需要绿叶扶持。苏绣品之所以成为佼佼者,不是孤立的,因为苏绣是一个系统工程。

有关苏绣的著作、图案、画册、论文的出版和发展,是解放以来与苏绣相配套的绿叶,使苏绣形成较为完善的体系,结出丰硕的成果,也是苏绣迅速成长的里程记载。20世纪80年代苏州各刺绣单位组织精干力量,编纂了各具特色的基层单位志书,成为不可多得的刺绣史志资料,尤其为研究解放以来的苏绣打下了扎实的基础。

苏绣的著书立说体系已逐渐形成，这是苏绣发展的一个重要标志。这在全国刺绣业中是少有的。苏绣不但在实践中不断攀登艺术高峰，而且苏绣的研究也正在向各个层面深入。

关于苏绣，各地还有不少有心人在进行研究，邓云乡在回忆文章中说："还记得台湾辅仁大学教授潘嘉莹博士，把她指导的硕士生陈贵糖女士介绍来找我。陈女士正在攻读硕士学位，论文题目就是《苏州刺绣研究》。"苏州刺绣能得到海内外各界人士的关注和研究，亦说明了苏州刺绣有值得研究之处。这是苏州刺绣的幸运，也是苏州刺绣的骄傲。

苏绣的成功大致有以下几方面原因。

(一)"天有时，地有气，材有美，工有巧。合此四者，然后可以为良。"苏绣生长在吴文化的中心地苏州，环境清静，湖山毓秀，受到吴文化各方面的熏陶，人们性静而心细，安居而巧思，对于绘画绣花十分相宜。苏绣的原辅材料是丝绸针线，而这些正是丝绸之乡苏州的特产，针细、线柔，材美、工巧集于此，无采办贩运之劳。又因苏州地处运河、沪宁沿线，水陆交通很方便，不但使苏绣能畅销四方，也便于苏绣取他人之长，更为优秀。

(二)苏绣在解放后的飞跃发展，是在两千多年刺绣积累的基础上的飞跃，没有这个基础是无法实现的。苏绣与其他地方绣不同，它与苏州共有悠久的繁荣发展史，两千多年来绵延不断，代代承传，在清末民初更是不断创新，通过量变的积累，便有了质变的飞跃。

(三)这个质变的飞跃是因为新中国开创了新局面。

人们的精神生活、物质生活都起了质的变化，各行各业日新月异，因此刺绣才有了新的原材料、新的题材、新的品种，社会出现了新的需求。新中国站了起来，同世界各国建立了友好合作关系，苏绣品也随着中国的强大走向世界，市场更广阔。

（四）组织经营机制的变化发展。旧有三大类绣庄分别经营绣品，今按工艺品种分设各类专业工厂和研究所，使各类绣品得以专一成长。逐步形成大企业的集中统一、分工合作、规模发展，并依靠外发加工生产，这就大大促进了刺绣的快速发展。

（五）解放后，曾多次组织对刺绣进行调研考察，进行技艺和资料整理，进行历史研究和理论探讨，不断加强自身建设和进行自我调整。在技艺方面，苏绣不是停留在传统水平上，而是走出去虚心向湖南湘绣学习，向青岛机绣学习，平时加强同全国各刺绣基地的联系和交流，取长补短，博采众长；同时又始终保持自己的刺绣传统本色，将乱针绣、机绣等吸收为自己的特色，使苏绣技艺不断丰富、完善，不断有所进步，并开拓出双面异色绣等新技法，将名画和摄影佳品纳入绷内，使苏绣在技艺方面始终保持积极进取的势头，持有长足的发展。

（六）苏绣不因循守旧，思想解放，敢于创新，能不断以自己的推陈出新、时创新意，做到日用品和艺术精品百花齐放，同时并举不偏废。在继承传统中适应新社会、新需求，使苏绣的日用性和艺术性博得大众的喜爱，并进行一定数量的生产，满足市场需求。生产中又做到内外销同步共进，同时占据国内外一定市场。苏绣是在走向市场、在市场竞争中成长发展的。

（七）苏绣采用手工和机器相结合的生产方式，在加强手绣的同时，又大力发展了机绣，使苏绣产量直线上升，不但增添了机绣的各种新产品，而且提高了机绣的技艺，增强了机绣品的艺术性，价廉物美，得到广泛应用，使之具有较强的生命力。苏绣又研制成国产电脑刺绣机及其编程系统，在科技艺术方面居于领先地位。

（八）解放后苏绣艺品有了专门配合的创作设计人员提供优秀的画稿，刺绣艺人又时时得到绘画知识的辅导，画绣结合，所以苏绣艺术益见精妙。苏绣艺人在领导和群众的协助下，集思广益，遇到疑难及时交流商讨，有条件反复进行试绣，易于成材，易于出精品。苏绣又十分重视人才的培养和刺绣队伍的培训，培养出融刺绣、绘画、理论三者于一体的新一代刺绣艺人，使苏绣技艺代代相传，人才辈出。

（九）苏绣又多次在国内外著名展览会展出，频频亮相，屡屡获奖，打出品牌，誉传四海。各界人士对苏绣都十分关注，报社、电台、电视台等新闻媒体都对苏绣进行了宣传报道，苏绣还被拍成专题电视片，使更多的人了解它、认识它、赞美它、扶助它，这些也是促进苏绣发展的因素。

（十）苏绣正是利用苏州的天时、地利、人和，扎根于这富饶的土壤，汲取本土的营养，并能面向世界，迅速引进国际市场需求的艺术品和日用品为己所用。近年成了日本和服、腰带和韩国绣品的刺绣加工基地；同时，还在各处设立外发加工点，促进苏州刺绣在江苏各地的共同发展。

总之，由于苏州的人文环境、艺术氛围、地理优势、丰富物产，苏绣得天独厚，材美工巧，就地开花，枝繁叶茂；并能充分利用解放后带来的有利因素，充分发挥自己的特长和优势，时时努力创新发展。无论是苏州刺绣研究所还是苏州刺绣工厂的领导和刺绣艺人们，都在这么思考，都在这样努力；无论是中央到地方的各级领导，还是中外宾客和苏州的市民们，也都十分关爱苏绣，万分呵护苏绣，所以苏绣能得以健康成长。虽然解放后各行业都在发展，但因为苏绣有自己的个性特点，有自己独具的主客观有利条件，所以相对于手工艺其他行业，发展更为显著。

在总结苏绣业绩时，更应回顾苏绣艺人的贡献。因为所有的事业都是由人来完成的，人是主体。在无数苏绣艺人中，就有一些代表人物，用千针万线谱写了一页页苏绣近代史。

机丝不让天孙巧

使苏绣誉传四海的是名人名绣。早在清光绪年间(1875—1908),苏绣艺术大师沈寿在其丈夫余觉的襄助下,融西画肖神仿真的特点于刺绣之中,首创了“仿真绣”。其作品接连在国内外赛会获奖,使苏绣蜚声中外。在她的影响下,江苏各地涌现的苏绣佳品甚多,无锡、丹阳、江阴、吴江、常州、镇江等地众多刺绣艺人的作品,在1910年南洋劝业会上共获一百三十多块金牌、银牌,成为全国刺绣品获奖最多的地区,苏绣堪称全国第一。

在江苏,除了沈寿之外,杰出的刺绣名手还有苏州的金静芬、丁渭琦、凌杼,无锡的华璂,丹阳的杨守玉等,在刺绣的技艺和绣品题材方面能革故鼎新,各有创造和成就。正是由于近代苏绣有这么多艺人在不断创新和发展,才使苏绣誉传中外,并始终居于“四大名绣”之首,谱写了辉煌的苏绣近代史。

苏绣艺人的代代相传,人才辈出,就像科

举时代状元成为苏州特产一样，我国刺绣产区中国工艺美术大师最多的就在苏州，工艺美术大师也成了苏州一大特产。

苏绣艺人把自己的韶华毫无保留地交付给结伴的绣绷，缕缕丝线绣入了她们的寄托和追求、智慧和巧思，通过一双双巧夺天工之手，把绣品像诗一样升华到高超的意境中……

一、针神翻笑雪君才

使苏绣名扬中外的刺绣艺术大师，首推清末民初的沈寿(1874—1921)，她在我国刺绣史上开创了好几个第一。首先，她向慈禧祝寿献绣，得到慈禧赐"福"、"寿"两字，是第一个得到如此嘉奖的刺绣艺人，从而使苏绣名震艺苑。她又被清王朝任为农工商部绣工科的刺绣总教习，实际上也是由她和余觉创办了我国第一所公立刺绣学校。历来人物绣多为佛像绣，而我国第一幅人物肖像绣就是沈寿花 18 个月绣成的《意大利皇后爱丽娜像》，也是这幅绣像在意大利都朗万国制造工艺赛会上获世界至大荣誉最高级卓绝奖凭，第一个使我国绣品在国际赛会上获此殊荣，从此苏绣名扬海外。沈寿还是我国仿真绣的创始人，第一个把西方油画引入中国传统刺绣中，使苏绣技艺攀上了新的高峰，并开辟了新的刺绣艺术途径。

在沈寿诞辰 100 周年时，90 岁的刘海粟在南通工艺美术研究所纪念沈寿所建"雪园"题下了"神针"两字来纪念一代绣圣。在近代刺绣史上，沈寿被称为"神针"是当之无愧

笔者参加南通纪念沈寿会议在雪园刘海粟题“神针”碑前留念

的。其艺术之成就，对苏绣之贡献，以大要言之，可概括为四:(1) 绣品出众，使苏绣享誉四海;(2) 创仿真绣，为苏绣开辟新途;(3) 教绣多年，为苏绣传艺天下;(4) 总结绣谱，使苏绣流传后世，发扬光大。

沈寿原名沈云芝，字雪君，生于江苏吴县(今苏州)一古董商家庭里，父亲沈柳桥，字寿民，国学生，母宋氏。云芝排行第五，伯季早殇，长兄名右衡，字炳铨，女儿沈粹缜从小随母亲沈寿学绣，后嫁邹韬奋，有子邹家骅等;二姐名立，字鹤一，沈寿病逝后接任南通女工传习所所长，终身未嫁。云芝既生活在苏州这“绣市”，从小就受到苏绣的熏陶。二姐沈立平时在家刺绣，沈寿耳濡目染，对刺绣早感兴趣，学着为姐姐劈丝分线，穿针度线，7 岁就与沈立对绷习绣，8 岁分绷独自刺绣。刺绣且以幼年从艺为好,其时心灵手巧,接受能力最强,从小经过努力,便容易成为刺绣能手。苏州这个乾隆年间就被称为“绣市”的刺绣之乡,孕育了艺术大师沈寿。

人不是独立地存在的,而是生活在一定的社会关系、一定的社会环境之中的。人在现实意义上是一切社会关系的总和,是客观环境造就了人。

这时,有位原籍浙江绍兴流寓苏州的读书人余觉,常到沈寿父亲的店中欣赏古书画,他能书善画,博学多才,沈父也偶尔请他到家做客。沈寿钦佩余觉的才华,心想如能和他结为夫妻,画绣互补,终生事业就有了依靠和希望。余觉也十分赞赏她的聪颖善绣。1893年,云芝20岁时与余觉结为伉俪。这在沈寿的艺术生涯中发生了决定性变化,余觉成了沈寿事业上的伴侣和支持者。

余觉原名兆熊,字冰臣,1902年乡试中举,这时已届新旧思想交叉嬗变之时,他虽为旧学举子,却善于接受新思想,在他的科举策论中,就提出以平面几何中的三角法来测绘地图用于军事的建议。他为沈寿刺绣尽心策划,提供了许多精致的画稿,在读书之余以笔代针授画理,沈寿把绘画技法融于刺绣之中,以针代笔绣画幅,夫妇画绣结合,并对历代刺绣针法进行详细比较和分类研究,使针法技术趋向条理化,自成一家。正如余觉后在《痛史》中所回顾的那样:“乃至半日废书,半日研绣,余则以笔代针,吾妻以针代笔,十年如一日,绣益精,名益噪。”沈寿闺阁绣因此臻于成熟,绣艺精湛,绣品超人,终于在余觉襄助下脱颖而出,成为近代刺绣史中“三百年来第一人”。

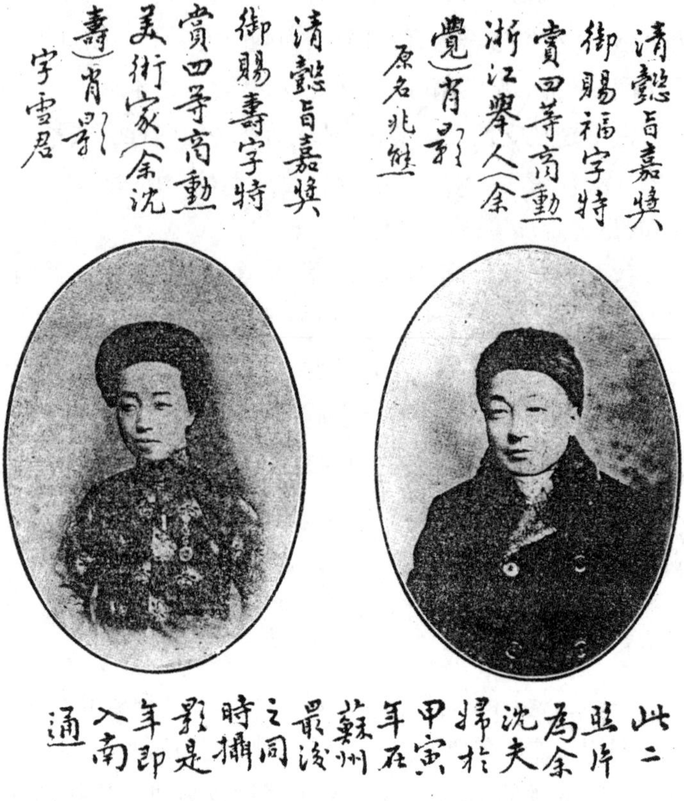

余觉、沈寿(左)

首先，余觉利用慈禧太后七十寿辰的机会，以绣屏进献邀宠。献寿的绣屏《八仙上寿图》等就是由余觉挑选画幅，并勾勒上绷，供沈寿等刺绣的。余觉通过在京供职的同窗好友单束笙将绣屏由商部尚书载振当面转呈慈禧祝嘏，慈禧见到绣屏惊为绝世神品，随即懿旨嘉奖，御书“福”、“寿”两字给余沈夫妇，商部因此颁发双龙宝星四等商勋给他们，

慈禧端佑康頤昭豫莊誠壽恭欽獻崇熙皇太后御筆光緒三十年十月十八日
壽
賜
賞佩雙龍寶星商部四等勳章浙江舉人臣余兆熊之妻沈氏

慈禧书“寿”字赠沈寿

沈寿绣《执禅罗汉》(用“吴县天香阁女士沈寿”印)

载振也题诗四首相赠,其一曰:“九如天保颂无疆,寿宇宏开帝泽长。万国衣冠王会启,御屏争说姓名香。”这在当时的社会影响之大是可想而知的。沈寿原名云芝，此时便改名为沈寿，时在1904年。后来沈寿在绣幅上常绣二方印：“吴县天香阁女士沈寿”、“姓名长在御屏风”。

这个机遇对沈寿的一生起了很大作用，这是她成功的起点。因为随后清农工商部奏准筹设绣工科，由余沈具体负责，并奏准余沈夫妇去日本考察刺绣教学情况，以便回来办绣工科；通过访日的机会，沈寿受到启发，终于创成“仿真绣”，将苏绣艺术升华到一个新的高度；由此绣品在国内外频频获奖，誉传中外。

沈寿绣《花鸟条屏》(用“姓名长在御屏风”印)

其次是余觉有才学和见识，要把苏绣推向世界。他托出使意大利的好友吴公索寄回意大利君后相片，亲自将照片放大，摹入缎面，加施颜色，由沈寿绣成仿真传神的《意大利国君维克多·伊曼纽尔二世像》和《意大利皇后爱丽娜像》，作品署名“余沈寿”。余觉又设计镜框，绘以花纹图案，将绣像装饰起来。该绣品在1910年南洋劝业会展出，引起轰动，获一等奏奖，成为刺绣品中惟一获奏奖的作品。

世上最难描画的是当代人物，稍有不真，便招非议；要绣出仿真之人物像，更是匪夷所思。沈寿之作岂能不轰动传扬？因此引得意大利公使斯弗尔札专程赴会观赏。当他见到这幅惟妙惟肖、别具神韵的绣像时，大为惊讶，清政府遂以国礼将此绣像赠予意大利。意大利君后获此珍品为之大喜，亲笔致函清政府，颂扬中国艺术，并回赠最高级圣玛利宝星勋章一枚，赠沈寿嵌有冠鹰皇徽之钻石金表一块。1911年，绣像在意大利都朗万国制造工艺赛会展出，又获“世界至大荣誉最高级之卓绝奖凭”。这是中国刺绣首次在国际博览会上亮相并获奖，为中国传统工艺美术在国际上争得了荣誉。当时报道称：于是“刺绣大王”之徽号遂喧腾于各国人士之口。即如后期《耶稣像》在1915年巴拿马太平洋万国博览会获一等大奖章，也是余觉在1913年就选稿策划，选世界公认之耶稣像入绣，沈寿以刺绣作品参赛，遂致中外闻名。

沈寿在赴南通前，因为有余觉的辅助，早已誉传四海，功成名就。余沈夫妇恩爱合作二十余年，诚如余觉自述：“余无妻虽智弗显，妻无余虽美弗彰。”一直跟随沈寿刺绣的侄女沈粹缜在纪念沈寿诞辰110周年的文章中也说：“她（沈寿）20岁结婚，姑父余觉是前清举人，家中经济条件较好，对艺术也很有研究，常帮小姑母（沈寿）出主意，鼓励她

沈寿绣品在意大利都朗万国博览会获一等奖的奖状

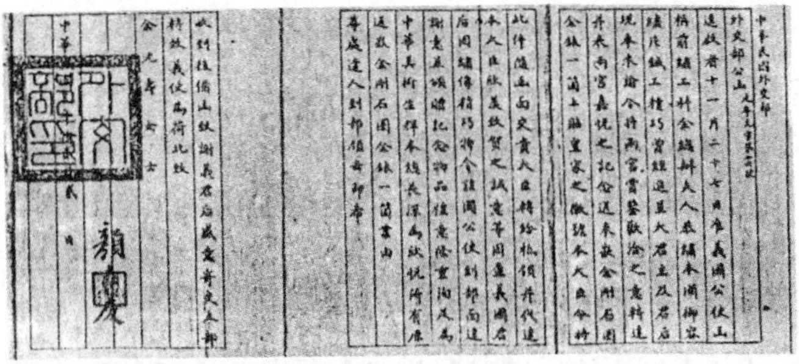

1912年外交部致余沈寿女士公函

钻研刺绣艺术。从此，姑母才把刺绣从谋生的手段变成一门艺术追求。”沈寿在刺绣艺术上有如此成就，与余觉之功是分不开的。

沈寿创出仿真绣，在刺绣艺术上是一大突破，其创新有个渐进过程，是沈寿经过努力实践，在余觉的鼓励策划下勇于探索，才逐步取得的。沈寿原先在家和余觉一起研究闺阁绣中的画屏绣。1899 年，余觉去上海教书，沈寿随往。上海是开放之区，余觉见到西方传入的油画与摄影照相，经过分析对比，他告诉沈寿，油画根据透视原理，不仅形似，还要光似。余沈一起研究阴阳明暗之理，沈寿在实践中渐渐领悟，并创出虚实针来表现明暗之别，这时结合油画创新仿真绣已有基础。1905 年 11 月，余沈夫妇得赴日本考察机会，由上海乘轮抵日本西京，悉心考察，旋至东京、神户、长崎等处，凡官私女绣学校暨各商厂等处，在在调查。余觉在回国后的禀中述："各校、厂各女绣生或数十人、百人不等，其绣约分七种，精粗不一，其别处在女绣生悉兼习画，胜于设色深浅之理，故虽绣技略粗，亦楚楚可观。其造诣至精者，悉以西洋油画为标本。穷年累月，绣成一屏，奇境胜迹，悉入绣品，一屏之值，有至四千金以上者，盈丈之屏，有千里之观，染色之线至千数百种，此类绣品，皆入欧美赛会品，亦有其美术之特色者也。"这是说日本绣都以西洋油画为标本，女绣生悉兼习画。"苟吾中国绣品于画理加意讲求，于染线悉推广，他日亦搜罗泰西油画为标本，实有过之无不及，此举人偕妻沈氏同赴日本考察绣品之大概情形也。"余沈在日本各处考察两个月，并经过各埠选购了各种画册、标本，这是认认真真的考察，时时留神，悉心研究，因此大有收获。由于熟能生巧，艺高胆大，沈寿才触机而发，别出新意创出了"仿真绣"，为苏绣开辟了新的前程。

沈寿自己后来在《雪宧绣谱》中总结说："我针法非有所

受也，少而学焉，长而习焉，旧法而已。既悟绣以象物，物自有真，当仿真；既见欧人铅油之画，本于摄影，影生于光，光有阴阳，当辨阴阳，潜神凝思，以新意运旧法，渐有得。既又一游日本，观其美术之绣，归益有得。”就这样，沈寿赴日前“渐有得”，一游日本“归益有得”，再行钻研，终于攀上了刺绣艺术的新高峰，从仿真绣得出“天壤之间，千形万态，但入吾目，无不可入吾针，即无不可入吾绣”的创见。这是沈寿于理论与实践上的创见，是在苏绣技艺上的一大贡献，在刺绣史上具有划时代的意义。从此，艺术佳作在沈寿手中联珠而出。沈寿成为开创“仿真绣”的一代宗师。

在南洋劝业会上沈寿所绣的《意大利皇后爱丽娜像》，就是一幅仿真绣的人物像。《劝业会研究报告书》中有篇天津实习工场刺绣科工师刘致和的报告书，论及沈寿这幅作品时说：“彼绣之像所以俨如真人者，不仅绣法精细，不露针迹已也，于一斑实物上亦颇有考究焉，否则其衣裳之纹理及皮服之形式并面貌之神情何能遍肖如生哉！”俨如真人，遍肖如生，是因刺绣时考究阴阳光影，绣线设色运用深浅来反映人物像的神态。传统绣人物的面目，只用从上到下一个方向的针法，绣成一张平平淡淡无质感的面孔；而沈寿根据面部肌肉的凸凹和受光产生的阴阳层次，施针配色，讲究透视和明暗，达到西方油画的艺术效果，使人物有质感、真实感，而绣法又不露针迹，所以原来美貌的爱丽娜像经沈寿绣成后，在线色的映衬下更是光艳照人，遍肖如生了。

第二幅著名的沈寿仿真绣，就是《世界救主耶稣像》。像高 55.3 厘米，宽 41.4 厘米，呈椭圆形，装配在长方形镜

沈寿绣《美国女优倍克像》

框中。绣像是余觉根据一幅油画印刷品摹绘而成。耶稣两眼睁大，瞳神上翻，长眉倒斜，头颅左倾，刻画了头戴棘冠的耶稣被钉死在十字架上时的忧戚悲壮之容貌和神情。有人描述其“成功之处还有眼睛黑白分明、炯炯有神，头发卷曲有如风动，脸颊之肤感若真。”这是沈寿在刺绣时，采用所创的虚实针、旋针，在额、鼻、颧等明部排针密，针脚长，丝理直，利用丝线光泽增强明部的亮度；在颊颌、耳孔等暗部则针脚短，线条按丝理回旋排列，色彩处理上疏朗有致，因此绣像色彩变化柔和。头发、胡须采用棕黄并以红、绿、赭等几种色线合穿在一枚针上绣（后被朱凤称为“针上调色法”），惟妙惟肖地表现了头发的质感与卷曲之势。眼球分别运用多种表现手法，并在瞳仁处留白，使形象更为传神逼真。无论从何处观赏，不受色光影响，都能感受到强烈的艺术魅力。

另一幅在世界上传誉一时的沈寿仿真绣作品是《美国女优倍克像》，是根据著名女优倍克的相片绣成的，为水墨色。作品在美国纽约展出，以仿真传神轰动一时。明星倍克特地赶去观赏，见到作品后自然爱不释手，愿以5000美元高价购买，但作品标明非卖品，倍克只能抱憾而去。《世界救主耶稣像》和《美国女优倍克像》在展出后都被运回南通，陈列于南通博物苑。后来若干年间一直不知去向。江苏省轻工业厅副厅长顾信钟爱工艺美术，曾多方托人打听这两幅珍贵名绣的下落。精诚所至，在香港的张氏后裔于1985年10月将珍藏的《世界救主耶稣像》、《美国女优倍克像》献归祖国，1986年4月在南京博物院举行了献赠仪式。苏绣工艺美术大师顾文霞、李娥瑛、徐绍青等赶赴南京参加献归仪式。嗣后又组织刺绣艺人复制了这两幅艺术珍品。

目前，沈寿存世刺绣实物二十多幅都珍藏于上海、苏州、南京、南通等地博物馆。最著名的是几幅人物绣，为了能恰当表现人物，沈寿创造并应用了一些针法、技法，如：羼针，“即长短针，因其长短参差互用，故谓羼针”；施针，“其针法疏而不密，歧而不并，活而不滞，参差而不必齐”；虚实针，“此则虚实并用，而以实形虚。例如，绣铅画之人面，笔画之山水，人面按光线阴阳之部位用旋针及纵横参错之短针，针眼不可复，针迹不可露，所以必用纵横参错之短针者，仿铅笔之画法为之，印堂、颔下、耳孔、口角皆光之阴面，皆宜纵横参错之实针，使线光隐而阴面著，不至变易观者之视线。唇、颊、额皆光之阳面，宜短针稀针而渐至于虚，以显阳光之盛而著也。故绣愈稀，线愈细，色愈淡，由稀而细而淡，而至于无，使与地等，所谓虚也”。（见沈寿《雪宧绣谱》）

沈寿的自我解释，为我们认识苏绣提供了入门的钥匙。为了使形象惟妙惟肖，沈寿在色彩方面使用得十分丰富，仅脸部一般要选用深浅十几种色线。在刺绣过程中讲究求光:“画之分阴阳,惟镜摄铅画油画则然,中国画或不尽然,绣则不可不兼明此理。”“如何而得阴阳之分数,则以画稿若干分之面,度若干分之光以求之。”讲究精神:“书有精神也,画有精神也,惟绣亦然。”“若镜摄之像,则肖神尤宜注意,往往有针法线色无有缪戾,而视之不逮所摄之影,加一二针于阴阳浓淡之间,而精神即显者。”讲究妙用:“色有定也,色之用无定;针法有定也,针法之用无定。”“若余绣耶稣像,稿本油画,绣意大利皇后像,稿本铅画,皆本于摄影,影因光异,光因色异,执一色以貌之而不肖,潜心默会,乃合二三色穿于一针,肖焉。旋悟虽七色可合而和也,分析之虽百数十色亦可合而和也,故曰色之用无定也。”“绣摄影像亦无定针也,惟像所以必肖处而异焉,亦自余始也。”讲究缜性:“余往昔尝求肖所绣之像,而欲得其神,费数十分或数十刻之时间,反复审视而忽有得,及其既得,则只著一二针,一呼吸之顷耳。性之不可不缜如此。”“况审势也,配色也、求光也、肖神也、妙用也,无一而不须缜性。”这是经过沈寿在诸方面的努力追求和积极创造,才绣出了精绝无比的佳作。这不仅是针法、技艺,更是善领悟之思维,敢创新之大胆,其“非非凝想为恒人所不至,故意匠独工”,因此攀上刺绣艺术的高峰,这才成了刺绣艺术大师。

沈寿对苏绣的贡献,除了自己钻研绣艺,绣出名作外,还教绣多年,传艺天下。沈寿曾分别于苏州、北京、天津、南通等地教绣,亲手培养了许多刺绣艺人。

张謇曾感慨道:嗟夫!莽莽中国,独阙工艺之书耳。

因此在张謇提议下，沈寿在去世前的病中将自己一生绣艺经验认真回忆出来，由张謇记录整理成《雪宧绣谱》（宧：古代称屋子里的东北角。是张謇建谦亭给沈寿养病时给她改名雪宧），为后人留下了珍贵的资料。这是对苏绣历代技艺的有条理的经验总结，其中有着沈寿的许多创见。全书分：绣备、绣引、针法、绣要、绣品、绣德、绣节、绣通八大部分。书中对刺绣工具、劈线、各种针法的操作及运用，绣线的色彩，光线的处理，刺绣艺术家应有的思想品德、艺术修养、创作方法等，都作了系统精辟的阐述。该书使传统针法得以流传后世，对全国各地的刺绣艺术进一步发展起了重大促进作用。

沈立、沈寿姐妹俩在技艺上相互学习，先是沈寿随姐学习苏绣传统针法技法，后是沈立学沈寿的仿真绣艺术。两人在刺绣事业上形影相随。先是一起绣向慈禧祝寿的《八仙上寿图》等绣屏，后又一起办同立绣校、女子绣工科、女工传习所，沈立都是帮教教员。1921 年沈寿病逝，由沈立继任南通传习所所长，继承原来的刺绣事业。由于沈寿的知名度高，沈立相形未名，而沈立以教绣为主，平时作品不多，如若绣的话，则一定是精品。有一幅《观音大士像》，长 96 厘米，宽 40 厘米。画面为一观音大士五十三参第三现相静坐于竹叶丛之中，神态自若，法相端庄，衣褶清晰，有受光深浅过渡色彩层次；竹叶用齐针绣成，颜色为草绿色，但也以深浅不同的色线绣出草叶的正反明暗。绣品色彩素雅，可以明显看出这是苏绣仿真绣风格，绣于 1919 年。沈立早期绣品就如此精妙，确是教绣的名师。

沈寿家里还有一位刺绣名手沈粹缜，是沈立、沈寿的侄女。沈粹缜从小生活在刺绣世家，对刺绣的爱好是不言而喻的。沈寿因无出，特别喜欢她，在她10岁时就带她到北京，并送入京师童蒙院学习3年以提高文化。后来沈寿到天津、南通教绣，就一直把沈粹缜带在身边，对她进行重点培养，并留校任丙班刺绣教师。后在刺绣艺术上颇有建树的李愉(巽仪)著文回忆道："我的启蒙老师是沈粹缜先生，她从穿针引线开始手把手地教我，此情此景犹在目前。我现在能成为刺绣队伍中的一员，与她的指引和循循善诱是分不开的。"沈粹缜在南通教绣7年之后，应苏州女子职业中学之聘回苏担任美术科主任兼高级教员，主持苏州女子职中美术科教学工作达5年，为苏绣家乡又培养了一批刺绣人才。沈氏一家对苏绣的贡献，至今仍为人所

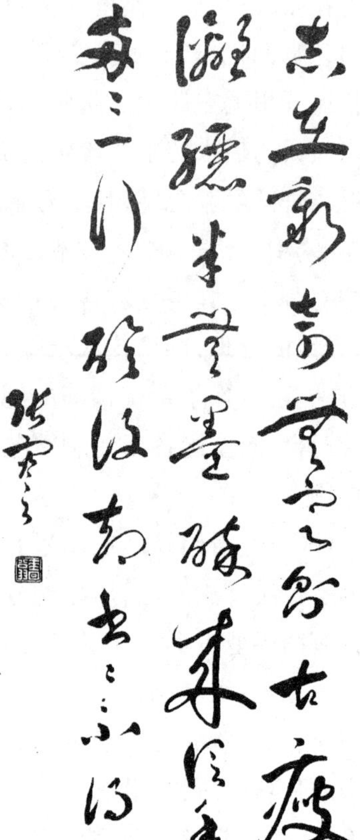
沈粹缜绣《张謇书法》

称道。

访问沈寿侄女、邹韬奋夫人沈粹缜(中座者)

与沈寿同时期,苏州地区附近还有几位刺绣名手,成就显著,宜作一简要记述。

吴江有位光绪年间(1875—1908)的刺绣名手叫凌杼(1877—1928),字锦怀,号织仙,自幼好艺花和刺绣。南京博物院藏有凌杼绣《窅娘舞莲图》,高 29.5 厘米,宽 43.5 厘米。这幅刺绣,表现的是南唐李后主的宫嫔窅娘在高六尺的金莲上起舞的情景。画面以线描为主,设色素雅,窅娘舞姿优美,裙带随着舞姿飘飞。这莲花是人工制作的,绣幅右侧题写明白:"《道山清话》:李后主宫嫔窅娘纤丽善舞。后主作金莲,高六尺,以宝物饰细带缨络,莲中作品色瑞云。令窅娘以帛缠足,令纤小屈曲作新月状,素袜舞云中,回旋有凌云之态。唐缟诗曰:'莲中花更好,云里月常新。'因窅娘作也。"莲上作舞犹如杂技表演。由此看来赵飞燕的莲上舞也是如此这般的。绣幅下盖"凌"、"杼"两方印。凌杼擅长刺绣，绣工精细，色彩鲜艳，自染花线，专究绣法和调色。曾以马鬃绣《释迦牟尼像》。南京博物院还藏有她刺绣的花鸟册页，布丝运针，极尽精密细致之能事。

李佩黻（1861—1910），字芸清，出身于无锡仕宦之家，后与同邑华三川结为夫妇。华三川工书善画，多才多艺，人称"艺三先生"。李佩黻性格文静，爱好刺绣，作品以淡雅、生动著称，又从她丈夫那里学到了比较系统的绘画知识，常以其夫的山水画作绣本，在画稿基础上创造刺绣。绣品达到"几莫辨其为绣为绘，其技能之精微盖入于神"的境界。在华三川的支持下，她创办了锡山绣工会传习会，自任会长总教习，用中国传统的绘画理论指导绣工创作设计和传授绣艺。当时入会学艺的女性除本地学员外，还有日本金原村子和美国孙宗彭等，苏绣传艺到了域外。最多时达数百人，先后有8届学生毕业，一时女子以能绣为荣。绣工传习会设绣工、修身两门课程，刺绣篇分图画、模样、配色、章法、运针、光线、粗细、厚薄、雅俗、精神等十章，要求绣艺应与画理相融合，倡导淡雅秀丽的江南画风流派，运用多种针法表达画意形象，提高刺绣艺术。修身篇分装饰、品行、局量、志趣、交际、运动、服从、职业、恒德、专修等十章，要求洁身自好，专心学艺，以资生养。在她的倡导传授下，无锡绣品淡雅清丽、细匀光薄，屡屡在国内外赛会上获奖。

华璂（1869—1939），字图珊，别号迦陵馆主，无锡人。父亲华荻秋是颇有名望的山水画家。她自幼喜爱书画和刺绣，及长，以刺绣山水风景、翎毛、走兽见长。后与安徽籍金石家张守彝结为伉俪，从其夫处亦得到颇多帮助。1906年在荡口鹅湖女校教授刺绣。《南洋劝业会研究会报告书》中提到："华璂、华玙(华璂堂妹)绣品名誉素著,物殊不恶,乃研究已有年,于经验上得绝大之进步,且善画,故其作尤超出寻常之上,实比湘绣、苏绣为优。"当然这评价过高了,因为华璂绣品《山水绣件》仅得金牌奖(四等奖)。1912 年,华璂夫妇在上海开办刺绣传习所,达 10 年时间。华璂刺绣艺术主要表现在她对风景绣的研究上。她的风景绣能以西方水粉画、油画为稿本,在内容上引进现代绘画的写实风格,在刺绣针法上亦进行大胆创新和突破,运用具有自己独特风格的列针,放针自由,线条活泼多变,成为后来盛行的乱针绣法的先导。所用绣线,也是多色绞合,粗犷而不失缜密,显得分外洒脱奔放。在色彩方面讲究明暗层次的安排。因此,她在刺绣风景时恰到好处地反映了大自然中的天光云色、林阴草丛,给人以和谐的美感。

二、痴情人物绣金钗

沈寿的高足门人金静芬,是近百年来仅次于沈寿的著名苏绣大师。金静芬(1885—1970),生于苏州,回族人。其父在护龙街开一古董店,因家道中落,9 岁时她被送至一绣工家当学徒。12 岁满师后,在大同、裕泰成等绣庄领活绣制。光绪二十九年(1903)拜沈寿为师,学习仿真绣。当时先后在沈寿带领下一起刺绣的还有徐志勤、朱心柏、蔡群秀等刺绣名手,也都随沈寿去北京当帮教,并且各有成就,但后期就不见有传,且年寿不及金静芬。她从 21 岁开始教绣,至86岁去世,一生培养了三千多名苏绣学生(其中也有改行停绣的)。她最小的艺徒牟志红,已成为苏绣高级工艺美术师,多次出国表演过苏绣技艺。牟志红1981年绣了双面绣《双湘图》,代表苏绣精品参加江苏省工艺美术品百花奖评比,获百花奖;与人合作的双面三异绣《松鼠葡萄》,代表苏绣精品参加全国工艺美术品百花奖评比,获金杯奖。

金静芬初露头角是和沈寿等人绣制慈禧太后70寿辰的礼品。在沈寿等人合绣《八仙上寿图》8幅通景屏时,一幅《无量寿佛》就由好胜心强的金静芬独立承担刺绣,花时3个月完成,充分显示了她的技能。绣品一起被送往北京,获得慈禧赞赏。因此,当沈寿被聘入京担任绣工科总教习时,年仅21岁的金静芬,便在绣工科担任皇家刺绣的教师,开始了教绣生涯。她原名彩仙(疑为"灿选"),苏州博物馆藏有金静芬16岁时所绣的《猫》一幅,上面绣有"硕鼠不来雀不下,书傍闲煞两狸奴。灿选女士写"的字样。其小名杏宝,在赴京前由叔祖改名为静芬,要求性情文静,以期在刺绣上有所成就。后来,金静芬也确以自己所说刺绣应具有的"细心、耐心、信心、雄心"取得了成功。

金静芬所绣立轴《水墨苍松》、《猫嬉图》,在南洋劝业会展出时获优等文凭奖。为了绣出物像的形神特征,她细心观察生活,努力掌握第一手素材。当她绣《锦鸡图》时,特地到北京万牲园(今北京动物园)实地观察锦鸡各部位羽毛分布的色彩,仔细地分析、记录下来;回来后立即把锦鸡羽毛各部位的不同色彩精心地绣出来。这幅中堂绣成后,深得沈寿赞赏。沈寿还特地为她开了一次内部观摩会,引导大家进行学习。

为了绣好仕女脸部微笑的表情，她常对镜揣摩，自作笑容，被同伴背后讥为“老姑娘顾影自怜”。其实她在细心琢磨一颦一笑，一嗔一喜，并总结出在仕女红唇两边用深色线加绣两针极细的线即可使笑容微展的方法，因此所绣人物形象生动。平时在生活中也暗记默思妇女的服饰仪态，随时能把生动逼真的精微细节提炼融会到自己的绣艺中。金静芬在继承苏绣传统的基础上，能够大胆创新，在针法、绣法上细心地、耐心地和充满信心地加以研究，终于成了沈寿的得力助手，绣品常得到沈寿的赞赏。

北京绣工科解散之后，金静芬回到苏州，在一些女校担任刺绣教员。1912 年，她在苏州武陵女塾任教。除了教授刺绣外，还为学校绣了《袁世凯像》，又绣了以春、夏、秋、冬四季景物为背景，西施、王昭君、貂蝉、杨玉环四大美人为主体的《四季屏》等。1914 年，到上海城东中学教绣。1916 年，在上海创圣女子学校教绣。半年后金静芬才好不容易离职回苏，正好接到沈寿南通来信，因身体不适要金静芬去代课教绣，金静芬便应召去南通协助沈寿教绣。1917 年金静芬又回苏州，在苏州女子职业学校任美术科主任。1920 年，36 岁的金静芬与长她 12 岁的津浦铁路工程师回族人张仙源结婚，移居天津。夫妻感情很好，金静芬在家刺绣。1924 年张仙源因年老体弱而被裁员，夫妻俩无奈只好返回苏州。金静芬又在女子职业学校任教。不久，丈夫病逝，女子职业学校停办，她在新闻小学任教并兼省立女子中学劳作课教员。解放前夕离苏赴沪投靠侄儿。

1954年,已近古稀之年的金静芬偶从旧时学生处得知原苏州女子职业学校同事杨卫玉时任轻工业部副部长,因此写信去请她帮忙。杨卫玉转告苏州市委领导,苏州市文联立即写信并汇款邀她回苏。原来苏州市文联刺绣小组刚成立,正在物色刺绣人才。金静芬回苏后参加苏州刺绣生产合作社,被选为社主任;以后又转为苏州刺绣研究所,任副所长,直至1970年11月逝世。据孙佩兰介绍,金静芬去世的原因是在"文革"时受到迫害。那时她已八十开外,还被扣上一顶顶"帽子",并停发工资,只发生活费,孤老太一个无人照料。一天半夜下雪,雪光映窗,她以为天亮了便起身,一跌扑在煤炉边,额头被炉火烫伤,以致卧床不起,不久便含冤去世。直至1978年8月18日平反,举行追悼会,才恢复名誉。

金静芬在各地任教期间,绣制了不少艺术精品。见于记载的有《无量寿佛》、《德国公主像》、《圣母玛利亚》、《西施》、《王昭君》、《貂蝉》、《杨贵妃》、《拿破仑像》、《陶渊明赏菊图》、《观音像》等二十多幅。其中以人物绣为主,这是金静芬在沈寿仿真绣影响下痴心人物所绣的佳作。苏州刺绣研究所藏有征集到的金静芬早期作品四幅:《红绿仕女》、《桂花仕女》、《摘叶仕女》、《竹叶仕女》。

最为感人的是金静芬在七八十岁高龄时,曾花了不少神思刺绣《红楼十二金钗》。从1958年冬绣成第1幅《元春》,至1966年6月绣成第12幅《惜春》,幸亏于"文革"前完成了,前后历经9年,始终不渝初志。她一针一线毫不松懈,冬去春来,倾尽心血,生动形象地用针线表达出十二金

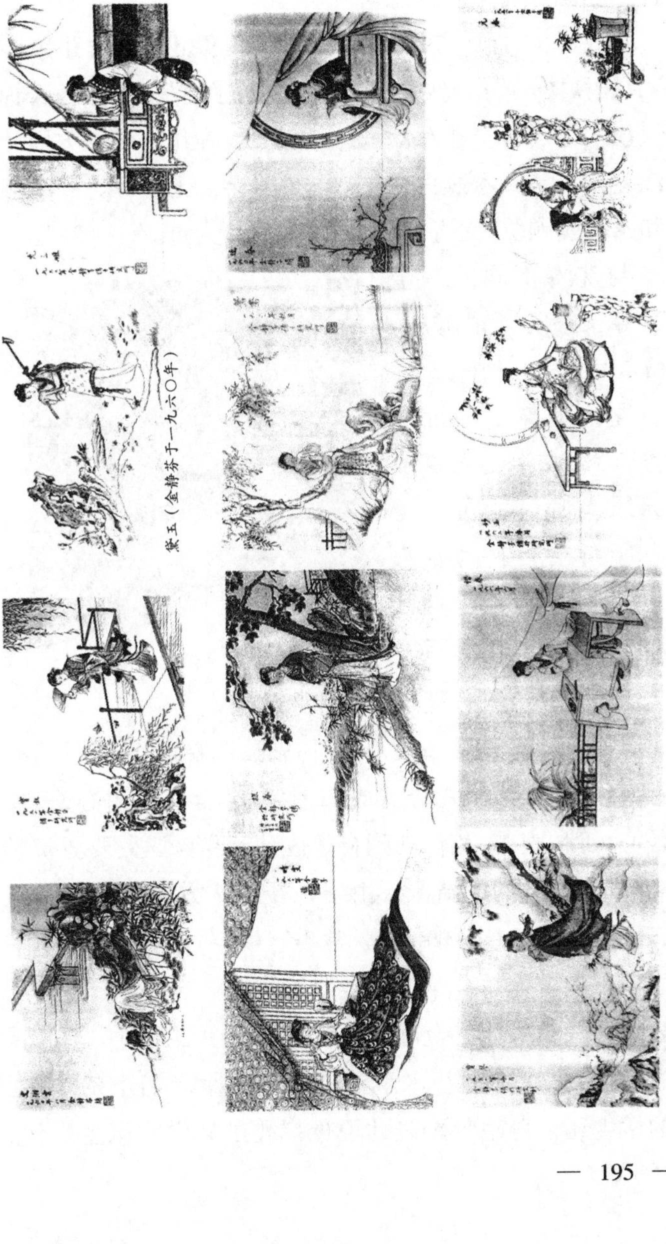

黛玉（金静芬于一九六〇年）

金静芬绣《红楼十二金钗》

钗各不相同的身份和神态。

解放后的主要作品还有《屈原》、《鲁迅》、《农儿采红菱》、《插秧图》、《养鸡姑娘》、《东山采茶图》、《看杏图》、《惊艳》、《听琴》、《簪花仕女》等古今人物绣，在仿真传神方面几和沈寿相等。端木蕻良在《中国轻工》杂志上曾评论："金静芬和露香园顾绣、沈寿可三足而鼎，也不为过。"

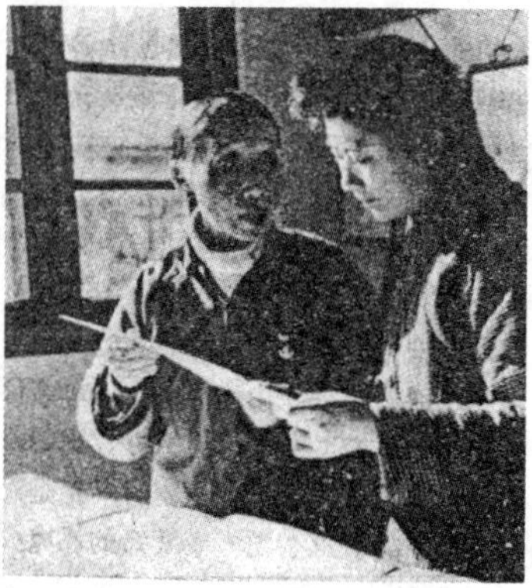
金静芬传艺

与沈寿不同的是金静芬寿长并盼到了解放。在解放后的20年中，金静芬热忱地培养了一批批苏绣新秀，成为受人尊敬的苏绣大师。她在刺绣研究所第二届刺绣专修班开学典礼上，结合自己的体会，希望年轻的新一代要具"四心"：一要细心，要性静心细，一针一线都不可马虎；二要耐心，一件绣品千针万线，一根线又要分劈成二十多丝，全靠有耐心；三要有信心，不怕艰苦，相信功到自然成；四要有雄心，要勇于攀登高峰，做技艺的革新派。由于她在刺绣方面的成就和声望，还先后担任过苏州市文联常委、江苏省政协委员、中华全国手工业合作总社第二届委员会委员、全国第三届人民代表大会代表等职。金静芬经历了从旧中国到新中国的转变过程，因此在苏绣艺术事业中她起了承上启下的作用。她的学生还记得她曾感慨地说过："我虽然没有亲生后代，但我的艺术生命却已传下了新生的一代。”

三、油画传神藉乱针

与沈寿等同时代但稍后几年的刺绣名手还有杨守玉(1895—1981),她是江苏武进人,为当今乱针绣的创始人。就刺绣艺术的开拓来讲,可与沈寿并列。杨守玉出身名门,幼年曾从史聘三(史良之父)就学,打下了良好的文学基础;因住在一起的表姐常为绣庄加工刺绣,她于课余又从表姐处学绣,打下了刺绣的基础。后进常州女子师范绘画专修科,学习传统绘画,也接触到素描、水彩、油画等西画。由于她能画善绣,又有文学功底,更显得才气横溢,被人们誉为“才女”。后期她有自挽联略述梗概:“东寇入侵,随校远征,创作乱针绣,维持正则建设;胜利归来,虽入玉门,家院已非旧,哀者老母终堂。”

杨守玉

当她20岁从常州女子师范毕业时,即由时任图工班主任的吕凤子聘请她到吕凤子在丹阳创办的正则女子职业中学担任绘绣课教师。吕凤子(1885—1959),原名吕浚,自号凤先生,江苏丹阳人,童年勤奋好学,爱好诗词、书画和拳术。15 岁考取秀才,后考入苏州武备学堂,不久改攻美术,又考入南京两江优级师范图工班,从此开始艺术生涯。当初吕凤子为了发展教育,提高妇女社会地位,于 1912 年创办正则女子学校,后增设中学部,改名为正则女子职业中学。吕凤子慧眼识才女,特聘杨守玉去正则女校任教。杨守玉也果然以超人之想,创出了纵横自如的乱针绣。

杨守玉其人聪颖敏慧,温文雅淑,鄙薄名利,但不善交际,平时落落寡合,只是在艺术天地里广泛涉猎,自由驰骋。在正则女校,由于吕凤子的赏识,她的才能得到了充分发挥。她有书画文学的根底,自己创作画稿自己刺绣,因此在教学和刺绣的实践中,杨守玉的绣艺得到了很快的提高。她艺高胆大,又富有独创精神,写人物、山水、花鸟能独辟蹊径,常常即兴发挥,画与绣别具一格。她认为:善刺绣者必善绘画,否则就不能造刺绣极峰;知画者刺的形就比较容易穷其神,绣的色就容易尽其变。她常常能根据同学的兴趣爱好,随手在绣绷上分别勾画出不同形象和内容的画面,提供学员依样刺绣。沈寿的刺绣艺品是由余觉的绘画指导和提供绣稿才出类拔萃的,而杨守玉自己一身兼备绘画、刺绣两方面的素养,绣针在她手下自然随心所欲、得心应手了。

由于杨守玉的绘画已是中西皆能,于是她在传统的苏绣技法基础上,研究西方油画的技法和色彩,雄心勃勃地研究起新的针法绣法来。她一边绘画图形色彩,一边刺绣试验新的刺绣表现方法。刺绣是靠不同的线色来构成画面的,因此,要想绣出水彩画的效果,就要改变原来的针法绣法。思之有变,继而创新。杨守玉先试绣了以水彩画为绣稿的《老头像》、《儿童》等小品，以新的线条组织形式，反映出西方油画的艺术效果。看似杂乱的长短交叉线条，通过分层加色，果然给人耳目一新的感觉。这种绣法，一改传统的密接其针和排比其线的刺绣方法，创出了新的独特风格，一下子轰动了全校。大家看了大为赞赏，吕凤子看到杨守玉果然不负期望，大为振奋，当即给此绣起名叫“杨绣”。杨守玉后来根据这种刺绣的特点，取名为“乱针绣”。后来也有人称为“锦纹绣”。

杨守玉绣《儿童》

1930年10月，该校举办美术展览，其中展出杨守玉用乱针绣技法绣成的《凤先生绣像》、《美女与鹅》、《老头像》、《小女孩》、《木排》、《匡庐飞瀑》6件新绣品，受到社会各界高度评价，并认为这是正则女校所创，遂定名为“正则绣”。20世纪50年代初，吕凤子次女无咎在台湾以擅长正则绣成名。1962年，吕凤子之子吕去疾在丹阳举办正则绣培训班，常州工艺美术研究所还派员前去学习。1983年，镇江市拨款1万元筹建正则绣研究所。

在整个苏绣系统中，人们仍习惯称这种刺绣方法为“乱针绣”。乱针绣的特点，是不按顺序而仍能使各部位之间轮廓清晰,并富有较强的立体感。乱针绣顾名思义是针刺很乱的一种绣法,其实这是种似乱不乱的刺绣,是有一定规律的。线条都用直斜、横斜线错综组合,以长短参差不一的针法,交叉搀合而成,经过一次再次地分层搀色,疏密合度,直至光、色、形相似为止。这种绣法与传统刺绣截然不同,因而在刺绣艺术中创出了一条新路。不仅刺绣的表现方法不同,而且艺术效果也不同,在选用绣稿方面,又适合以油画、水彩画、照片为绣稿来刺绣,是典型的中西结合。乱针绣的路子是全新的,因此形成自己独一的系统,成为刺绣艺术中的又一枝新花。虽然乱针绣自杨守玉创始至今不过七十多年的历史,却得到各方面的运用,受到大家的赞赏。

杨守玉原名韫,字瘦玉,后因在婚姻问题上与未婚夫生辰八字不合而未嫁,遂立志献身于刺绣事业,并改名为守玉。抗战期间,曾随正则女中迁移到四川璧山,是为正则蜀校,并参与筹建正则艺术专科学校。学校自办三年制、五年制绘绣专科各一个班。杨守玉担任绘绣专科主任,兼任重庆国立艺专副教授,将乱针绣传到了四川。抗战胜利后,杨守玉随正则艺专迁回丹阳。这期间,杨守玉曾在教绣之余绣了许多乱针绣佳作,但由于战乱,而且许多作品都被学校作为对社会上捐助办学资金的回赠品送人,流散社会,去向已无法查考。

现在保存下来的绣品,有《少女》,藏于苏州大学;《朱德像》,藏于常州工艺美术研究所;《毛主席像》,藏于苏州刺绣研究所。《美女与鹅》发表于《正则绣》上,是杨守玉乱针绣代表作之一。远望之,在一片森林幽景的环境下,婷婷玉立着一位形态婀娜的青春少女,并有一只洁白的白鹅陪伴在身边作为对照烘托。整幅绣面和谐统一,浑然一体,突出了主题《美女与鹅》。细看之,美女松柔的长发、细腻的肤色在丰富多彩、纵横线色的乱针绣刻画铺设下,深深浅浅,颇具质感;重重叠叠,乃涵神韵。

杨守玉绣《美女与鹅》

抗战胜利前夕,她在四川绣的《罗斯福像》、《美女与骷髅》等绣品参加了当时的全国工艺美术展,这些乱针绣品的亮相使观赏者大开眼界,不由得惊叹,并多次被选作礼品赠送。如《罗斯福像》现被珍藏于美国罗斯福纪念馆。解放初杨守玉绣的《毛主席像》和《斯大林像》经刘海粟推荐给 1952 年亚洲及太平洋地区和平会议,受到一致好评。刘海粟在当时给郭沫若的信中介绍:“兹有常州杨韫女士,早岁学绣画,能以画法渗入刺绣,首创绣法数种:如浮绣能使图像有立体感;如叠圆绣即机针绣,画意盎然;如结子绣有绘画点染光暗之妙;如正则绣系用乱针法,以针代笔,以色丝为丹青,使绘画与绣工融会一体,自成品格。”艺术家刘海粟如此评价,虽系亲属,然亦实情,可见杨守玉在当时的成就和声望。

杨守玉首创乱针绣，并以乱针绣教授学生，乱针绣在发源地丹阳应有流传，在四川也有流传，而解放后使乱针绣得到发扬光大的则在苏绣的中心苏州。这是杨守玉和她的三位高足朱凤、周巽先、任嘒闲先后努力共同促成的。根据当年经办此事的艺术家谢孝思回忆，解放初期，苏州市的领导王东年和他谈起，要在当时条件下开展为妇女谋出路，于国计民生有裨益的工作；他建议邀请在正则艺专发明乱针绣的杨守玉和她的几位高足来苏州，成立刺绣技术学校，吸收青年妇女学绣，培养刺绣艺术的接班人。王东年欣然同意。当时先期在苏的正则学员朱凤接到一批乱针绣加工任务，正欲邀请杨守玉老师和同学周巽先、任嘒闲来苏帮忙，与此计划不谋而合。于是经过市里出面联系邀请，杨守玉和周、任一起来苏教绣，从此把乱针绣带到了苏州，在这个丰饶的苏绣园地里生根、开花，结出了累累硕果。后来杨守玉因病回常州休养，以后就担任常州市工艺美术研究所刺绣艺术顾问，使乱针绣又传播到了常州。

在苏州的三位杨守玉门生，本在丹阳正则女校学过乱针绣，毕业后都曾被留校聘为绣科教员，后来又都在苏州成了乱针绣承前启后的传人。其中朱凤年龄最大（1910 年 5 月 16 日生于上海，1993 年 6 月 29 日在江西鹰潭妹妹家中去世），常熟人，原名朱寿臣，字瑞成，又字琪。其母擅长工笔画，又善刺绣，朱凤从小受母亲影响，自幼爱好绘画绣花。其父原为铁路工人，公伤后转为记账员，先后在苏州、丹阳火车站工作，由此而使朱凤与刺绣结下了不解之缘。朱凤小学毕业后就在家随母学画绣花，这是在苏州打下的苏绣基础。1924年，随父亲调丹阳火车站工作，举家西迁到丹阳，这样才有机会入丹阳正则女子中学刺绣科，认识杨守玉，从杨守玉学绣，毕业后留校任刺绣教员。

抗战期间，朱凤随母校西迁，一个人奔走于湖南、贵州、广西、四川、福建等地，学习研究了贵绣、蜀绣、苗绣、瑶绣、回绣，并与湘绣吴彩霞的女儿吴镜蓉作了交流，学到了吴镜蓉家传的擞和针。有此一番经历，朱凤的见识更广，绣艺愈进。后在福建南平居留5年，以文玉、蕴玉、永璞等绣名绣了各种作品，其《木兰出征图》于1942年参加福建工艺商品展览会获超等奖金500元。全国解放后定居苏州。

1951年春，朱凤根据学来的擞和针，结合苏绣创试以散套针法绣制人物像《毛主席像》，几经努力，绣成与照片一致的彩色《毛主席像》。这幅绣像先后参加苏南区城乡交流物产展、上海土特产展，《新苏州报》、《解放日报》当时都有报道，引人注目。上海土产公司当即联系定制两套马克思、恩格斯、列宁、斯大林、毛泽东、朱德6位领袖像。鉴于时间和人力有限，朱凤通过市领导出面，请来了老师杨守玉和同学周巽先、任嘒闲，同时办起刺绣学校，开办刺绣训练班，边教边绣，共同完成了领袖像的绣制任务。

1954年刺绣小组朱凤和杨守玉、周巽先、任嘒闲一起绣制了苏联部长会议主席团领导人马林可夫、伏罗希洛夫、卡冈诺维奇、米高扬、布尔加宁、别尔乌辛、赫鲁晓夫、朱可夫8幅肖像，作品随庞熏琹赴苏联于工艺美术展览会展出。

1956年，朱凤创造了“点彩绣”针法（即沈寿所创几根线合穿一针进行刺绣，当时没有另作命名而已），先后绣了

《毛主席像》和《虎丘后山图》。点彩绣《毛主席像》被故宫博物院专家们赞誉“大胆创新，突出发展”，全国美协为此授予她“推陈出新”的锦旗。《虎丘后山图》成为朱凤向下一代刺绣艺人传艺的教材，并被苏州工艺美术博物馆所收藏。

朱凤传艺

她用散套直纹绣法绣成的另一幅《毛主席像》作为中国美术家协会向毛主席献礼的作品，事后中共中央办公厅发来嘉奖函，称：“由中国美术家协会转来你送给毛主席的绣像一幅早已收到。你积累了多年的刺绣经验，并经过精细研究，创造出新的刺绣方法，这是先生的重大成绩，也是刺绣业中一件大事。特此表示祝贺。”她所绣的《敦煌供养人像》刊登在1957年10月版《人民画报》上。同年还出版了她编著的《中国刺绣技法研究》一书。随后由于“反右”斗争扩大化，朱凤的艺术、政治生命告终。党的十一届三中全会后朱凤才得以平反，晚年还收徒传艺，然以手指阵发性颤抖

乱针绣传到苏州绣出《永恒的微笑》

已不能再操女红。

周巽先和任嘒闲本都是丹阳人,周比任大 3 岁。丹阳刺绣遍及四乡,妇女们常用各色丝线在童帽、头巾、扇套、兜肚、鞋子、衣裙、枕套、帐幔上绣出花草、鸟蝶之类的图案，刺绣有一定的基础，当地有情歌唱道："春上二月露水多，做双绣鞋送情哥；情哥送我一里半，我送情哥三里多。"周、任从小都喜爱刺绣，先后于1927年、1929年进丹阳正则女校绣科学习，毕业后都被校方聘用，留校任刺绣教员。1951年又都随杨守玉来苏州绣领袖像，从此就在苏州一直工作下去，成了乱针绣继往开来的两位传主。从1954年苏州文联刺绣小组成立，到1957年建立苏州刺绣研究所，她俩一直担任刺绣艺术指导员。后来她俩又担任针法研究室主任，并被评为中国工艺美术大师。她俩精心培养的9位乱针绣传人，均能独立完成出口礼品、展品任务，一名还担任研究所领导，为高级工艺美术师。

1982年，周巽先、任嘒闲及其高徒张美芳合编的《乱针绣技法》一书出版，使乱针绣经六十多年的传播、继承和发展，形成了系统的技法总结流传后世。

四、技艺从来传绣女

民国初年，苏州刺绣艺术品迅速发展的原因之一是开设了许多女子学校，传授刺绣技艺。在征送物品参加巴拿马博览会的同时，江苏省曾于1915年4月16日至30日举办了"江苏省地方物品展览会"，苏州应征送去的展品中，刺绣可谓一大特产。其中有艺术精品《虎》(武陵女塾顾铭澈)、《巴拿马流域图》(苏州女学杨慧珍)、《山水》、《蜂猴》(武陵女塾丁渭琦)、《海棠花鸟》(双桐女学郭桐先)等立轴和挂屏共16件;日用绣品有:绣花棉绸靠垫(武陵女塾顾荫、王淑芬、徐为珍、顾彩珍、顾霞、顾潜、陈宝芝等13人)、缎绣花靠垫(武陵女塾沈葭仙、徐仲贞、顾月如、王福贞)、缎地绣花茶袱(武陵女塾邹应苑)、缎绣衣裙、缎绣被面(双桐女学)等22件。众多绣女的优秀绣品都是苏州选送准备参加巴拿马赛会的展品。

苏州历来人文荟萃,好学之风为全国之最。女性受教育在江苏较他处更早、更普遍,苏州为全省女子教育之首,而常州、无锡等地也有不少女子学校,女性能读书的比例约为5%。一方面风尚使然,苏州人有良好的读书环境;另一方面因为当时苏州是对外开放商埠,较内地更为开放。如光绪二十七年(1901)女子谢长达在苏州发起成立放足会,自任总理,亲订章程,带头放足,并研究放足方法,印成《说帖》,至四乡及邻近省县广为宣传,并于光绪三十一年(1905)带头创办女子两等小学,以振兴中华为办学目的,取名振华女校。在清末民初,苏州各种新旧公私学校迅速增多。宣统二年(1910),共有小学97所,女子学校就有10所之多,民国以来就更多了。所以女子纷纷入学,开办的女子学校越来越多。有的是女子职业学校,其中设立绣工课,有的是刺绣学校,更以刺绣为主。

最早创办的刺绣学校是余觉、沈寿合办的"同立绣校"。1906年初,余沈夫妇赴日考察回来,先回苏州预作教绣准备,于是余觉得到好友刘伯生赞助,以4000元在苏州马医科巷购置一座花园住宅,设同立绣校(即今绣园),招收十来岁的姑娘学绣,边教边绣。每次上课,沈寿总是将要绣的花草、鸟虫之类的实物置于桌上，引导学生在学绣前先要熟悉自然物，把握物像的形、光、色、质，然后对物写生刺绣。她已将自己在实践中逐渐总结创新的"仿真绣"法边绣边教授。当年四月即应召带了一起教绣的刺绣帮教沈立、金静芬、徐

余觉、沈寿在苏州马医科巷同立绣校教绣之处

余觉、沈寿在苏州合办福寿绣品公司商标

志勤、李群英、蔡群秀、朱心柏、沈静兰和画工杨羡九等 10 人赴京，筹办农工商部绣工科。先在磨盘园，后迁丰盛胡同。五月初六开办，共计招选女生 80 名，由总教习沈寿督同各帮教分班教授，余觉为总理。学校开设刺绣、图画和国文三课，以刺绣为主。学生都是由农工商部保送的满族官员孩子，绣工科实际为皇家刺绣学校。这些学生平时娇生惯养，教学比较困难。但沈寿等人还是耐心教绣。方法也是观摩实物，讲解光影、色彩、层次，边教边绣，示范操作。为了绣好飞禽走兽，沈寿经常带领学生们去“万牲园”(今北京动物园)参观，要求学生把鸟、兽的形态和各部分的色彩记录下来，作为作业进行批阅，之后再发还学生，作为平时刺绣时的参考。沈寿以自己的实际行动教学生仿真绣，一直教授到 1911 年辛亥革命，清朝灭亡，绣工科解散。

因余觉与天津劝业场有过往来，于是余、沈就近从京移津，租张都督植物园办起自立女子绣工传习所。这时由于招收教绣的对象不同，且又经费短缺，就实行边教学边刺绣生产，所绣产品一部分由劝业商场推销，一部分由当地教会、学校及外商订购，绣品既有绣屏、册页，也有各种日用绣品。沈寿在苏、京、津前后教绣八年多，虽无详细资料记载学生情况，但在长达这么多年的教绣过程中，定为各地培养了不少刺绣艺人，将苏绣技艺传播到了北方。正如当时任农工商部左侍郎署理尚书的唐文治所言："为振兴实业，爰于京城之西城，设立绣工科，延苏州余氏夫妇主其事，以兴女工，开通西北各省之风气。"

1914 年，沈寿在天津连续接到余觉从南通寄来的 5 封书信，要沈寿迅速南下，应张謇之聘去教绣。这时四川方面也有人重金聘沈寿去教绣。当时沈寿考虑到四川交通不便，而南通张謇办实业、教育等都有魄力，且余觉已多次催她去，因此料理结束天津传习所，于 1914 年春节前，先返阔别八载的故乡苏州，与家人团聚，然后再赴南通。

南通女工传习所于 1916 年扩建为学、工、商一体之绣工局。沈寿任女工传习所所长，实际主管刺绣并传授绣艺，同时自己边教边绣，在南通完成了在天津就绣制的《世界救主耶稣像》。传习所开设普通班、中级班、高级班(即本科班)三种学制。招生的范围不仅有南通本地的学员，还有湖南、安徽、浙江、广东等地的学员。学员出身有贫有富，文化程度有高有低，年龄也有大有小，参差不齐，这给教绣带来了不便。在教绣工作中，沈寿采取因人施教的方法，个别进行现场的针法、线色、丝理的具体指导。不仅在刺绣的针法、色彩、形神等技艺方面结合实物、绣品详尽地讲授，而且还教导学生在平时要做有心人。沈寿在南通 7 年，共培训绣工本科完全毕业者 9 人，其甲、乙班普通毕业者四五十人。她所培养的学生，都成了苏绣技艺的传人，如巫玉、庄锦云等刺绣名手都是从沈寿而出，并又传艺后代成为刺绣名手。苏绣精湛的技艺经沈寿继承发展，又得以代代相传，并发扬光大。

沈寿在南通女工传习所教绣之处

有了这种设校传授刺绣的开端，以后在苏州的一些女校中，便设立了绣工课，教授绣花卉、虫鸟、山石，绣制些屏条、册页。上学女生都学习了刺绣，女红刺绣成了女性学业的必修课。几个学校后来陆续出了许多优秀作品和刺绣能手，如武陵女学丁渭琦、双桐女学郭桐先等，杨守玉还在丹阳正则女子职业学校创出了乱针绣，这不能不说是学校中教绣所出的成果。学校办绣，也是江苏刺绣名手辈出、流传四方的主要原因之一。

苏州女校盛行刺绣，当时最为突出，在刺绣方面成绩显著的是武陵女塾丁渭琦。

武陵女学是私办的专业刺绣学校，地址在苏州城内原干将坊巷 147 号(现拓展为干将路，原址已拆除)。校长是

南通女工传习所刺绣班在刺绣

顾聘儒、丁渭琦夫妇。取名武陵女塾是根据《百家姓》上郡名"武陵顾"而来。顾家本是苏州望族,其先顾湘舟在甫桥西街构建辟疆小筑,以曾祖济美开藩云南建功得赐端砚而建有"赐砚堂"、"艺海楼"等堂构,藏书甚丰,并对外开放,文人名士常于此聚宴,名重一时。顾济美长孙顾卓庵即寓居赐砚堂老宅,顾聘儒为卓庵曾孙,名朝珍,以字行,系庶长房,清诸生,在苏州商会任事。清光绪三十一年(1905),利用自己住宅的大厅、东西两书房等房屋创办武陵女塾。顾聘儒教授国文,丁渭琦等教授刺绣。刺绣是主课,实际上就是以教刺绣、绣绣品为主,有专门为刺绣艺术精品绘图稿的画花先生;也绣制日用绣品,他们用刻好花纹的木印章,打印在底料上供日用品刺绣。在某种程度上,武陵女塾也成了集中刺绣的工场,在刺绣指导下进行生产加工。武陵女塾在辛亥革命后也称武陵女学、武陵女校，至1937年抗战前夕顾聘儒去世而停办。抗日战争时顾聘儒全家西涉，曾在贵州遵义落户，抗战胜利后返苏。时丁渭琦已年迈而未能重操女红，1954年卒，年九十有余。

在三十多年办学时间里，武陵女塾为苏绣培养了不少刺绣艺人，许多人的作品在不同时期的展览会中获了奖，体现了武陵女塾专业刺绣学校的功力。1914年，武陵女塾曾在上海单独举办绣品展览会。据《时报》1914年10月27日载："刺绣为吾华惟一擅长之美术，各省出品之以此名者不少，而要以苏属之顾绣为尤著。自比年改良以来该术尤征，特选苏州武陵女校校长顾丁渭琦女士研究此道不遗力，其画本之名贵，工作之精致，设色之分明融洽，见者无不叹为绝技……自在本埠法界尚贤堂华品陈列所陈列以来，外人之往购者尤络绎不绝，现拟预备数百种往巴拿马赴赛。闻由该堂女士会定于二十九日阳历九月十一礼拜四下午特开一顾绣出品展览会。"这种专为某一家特办展览的盛况是解放前的刺绣史上仅见的。共陈列各类绣品156件，无不光彩耀目，精巧绝伦。这真是武陵女塾刺绣艺术成就的专题展览，可谓盛况空前，显示了武陵女塾的整体优势，代表了那个时期的苏绣艺术水平。

丁渭琦本苏州西郊上方山东南蠡墅农村中世居。平时受家家户户刺绣的影响，从小也弄针理线习刺绣，及嫁顾聘儒大户人家，则专习闺阁绣精品，因此绣艺精进，各种绣品无不能绣。在江苏省地方物品展览会吴县出品目录书中，丁渭琦的作品就有刺绣翎毛立轴、绣联、大总统绣像及绣衣、绣被、绣鞋、绣帽等日用绣品32件。《时报》1915年12月4日曾刊有“女子奖章之新纪元”的报道和时评,称:“历来女子从事政务及受国家之奖章者实属罕见,而最近农商部之物产品评会忽函聘女审查员三人,一为顾丁渭琦”,“任事以来,昕夕从公,该部呈请给奖章,大总统批令给予三等奖章”。

丁渭琦名声远不如沈寿,但其作品在国内外也曾产生过一定影响。她的绣件在南洋劝业会获银牌奖,在意大利都朗(今译为“都灵”)万国制造工艺赛会获最优奖。她还刺绣过英国王后绣像。1934年,在上海交通大学任教的英籍教授白克夫妇还因慕名专程到苏访问并选购了她的两幅刺绣作品。她生有二子七女,顾氏家族中的女儿、媳妇、族女诸多姑娘都在武陵女校受不定期刺绣培养,并成为出色的刺绣艺人,许多人的作品也在参展时获了奖。丁渭琦一直生活在苏州,为苏州本地刺绣艺人的培养作出了贡献,成为苏州女校中传授刺绣的典型代表。

历史上苏州还成了培养刺绣专业人才的基地,许多人有幸由此成长为刺绣名家。

最见成效的是刺绣研究所办的刺绣专修班。1958年,研究所招收32名青年组成一个班级,学习4年,课程为刺绣、国画、政治和文化课。教师由所内刺绣指导员、画师和技艺较高的刺绣女工分别担任。除课堂学习外,还参加相当时间的刺绣生产实践;在学习技艺的同时,进行有关文化知识、提高艺术修养的学习。因此在毕业时达到的要求就是刺绣与绘画并重,全面发展。这批学员后来都成了刺绣骨干中坚力量。学员中的冯丽忆、余福臻、何晓、朱云媛、刘丽英、杨家琳等后来分别担任研究所技术科、针法研究室、创作设计室、实验工场、刺绣厂负责人或技艺指导员，学员中很多人已获高级工艺美术师职称，并获江苏省工艺美术

苏州刺绣研究所刺绣专修班学员在写生

大师称号。以后研究所又多次办了刺绣专修班、刺绣培训班。通过各种形式的画绣结合训练，刺绣研究所的技艺力量明显高于其他地方。

通过各种形式的苏州刺绣教学，使刺绣、绘画、理论上有了结合和发展，武装了新一代的刺绣艺人。这是苏绣之所以在人才技艺方面称雄天下的原因之一。

对于厂外广大分散的刺绣女工，苏州刺绣厂和绣品厂都分别举办过进厂内培训和外出培训辅导。近的是常熟农村，他们派人来苏在厂内作短期培训，回去后就独立操作，为苏绣加工。远的至宁夏等地，他们派人来苏学绣，回去自办刺绣工厂。有的是为进一步提高技艺，如河南、陕西等刺

绣产地派人赴苏进修。也有的是苏绣的外发加工社队,如丹徒等地,派几个骨干来苏学绣,回去后当带徒传艺。这些培训班,起了苏绣在各地的传播、交流作用。苏绣技艺因各地派人来学习并通过培训的形式而流传全国各地。

培养画绣结合的新一代苏绣艺人

最终使苏绣名扬中外的主要是广大苏绣艺人的精湛技艺及其绣品。这体现了包含个人成分在内的群体努力,有这样的个人努力和没有这样的努力,其结果是大不相同的。几位刺绣艺术大师尤其为此作出了卓越的贡献。

五、江山代有才人出

历史上的工艺美术手工艺人是平凡而无地位的。1979年8月8日至8月16日在北京召开的全国工艺美术艺人、创作设计人员代表大会上传出了一个国家新命名的"工艺美术家”荣誉称号。在全国成千上万的工艺美术艺人、创作设计人员中,评选出各行业的代表人物,都是在全国、有的是在世界上有影响的艺人代表。国家首次命名了 34 名“工艺美术家”。仅苏州就被命名了 3 名:徐绍青(苏绣设计)、李娥瑛(苏绣)、陆涵生(木雕),苏绣一个行业就有 2 名,这在全国仅此一例。以后国家又陆续命名了几次,因为“家”的名称较多,易被混同于一般自名为什么家的称呼,后来一律正名为“中国工艺美术大师”,以区别于一般的艺术家之类。

截至目前,中国工艺美术大师中的苏绣大师已有 9 名,他们是徐绍青(刺绣设计)、李娥瑛(刺绣)、顾文霞(刺绣)、任嘒闲(刺绣)、周巽先(刺绣)、殷濂君(刺绣)、周爱珍(刺绣设计)、蒋雪英(刺绣)、陈亚先(乱针绣)。

1996 年和 1997 年,江苏省政府又先后命名了两批江苏省工艺美术大师(俗称省级大师),其中除了九名中国工艺美术大师为当然的江苏省工艺美术大师外,属于刺绣的还有:俞福臻(刺绣)、潘细琴(刺绣设计)、邵文君(刺绣设计)、巫玉(刺绣)、张玉英(乱针绣)、黄培中(刺绣设计)、施仁(刺绣设计)、庄锦云(刺绣)、张美芳(刺绣工艺)、夏敏秋(抽纱设计)等 10 名。1999 年又增第三批缪丽娟(刺绣)、范广畴(刺绣装裱)等。

此外,江苏省轻工业厅根据《江苏省传统工艺美术保护条例》,于 1996 年、1997 年先后命名了两批江苏省工艺美术名人名单,其中属于刺绣专业的有:仇美兰(刺绣)、吕存(乱针绣)、沈莲英(刺绣)、张文昌(刺绣设计)、李寿莲(仿古手绣)、华俊山(刺绣设计)、臧经国(刺绣设计)、赵红堉(刺绣)、李华(刺绣)等9名。1999年第三批增陈明(刺绣)、黄春娅(刺绣)、游伟刚(刺绣设计)等。

苏绣行业中仅苏州市区评出高级工艺美术师16名,工艺美术师53名,初级职称137名。其中有刺绣、绣稿设计、款式造型设计、理论、装裱、电子、机械等各个工种的人才;有手绣、机绣、艺品、日用品、童装、童帽、剧装等不同类型、不同品种方面的专业人才。苏州刺绣业在各个方面已形成配套一条龙的强大的专业队伍,苏绣人才济济,是苏绣全面发展的一个标志。以此一艺之微,苏绣大有人。

现仅选辑中国工艺美术大师中的苏绣大师传略,以证苏绣史。

(一) 徐绍青

徐绍青(1919—1995),苏州人,自幼酷爱绘画。他于1933年苏州草桥中学毕业后,在苏州鸿盛钱庄当练习生时就拜山水画家朱竹云为师,绘画才能初见端倪。1939年,他即与徐子鹤等组织画室。1944年师从近代著名画家吴湖帆,学习国画、古画鉴定,自此他开始涉足于画坛名家之间,绘画技艺有了长足的进步。1945年临摹张大千藏《唐人天马图》,1946年拜访张大千又临摹其藏品钱选《杨妃上马图》,吴湖帆均为之题跋。1948年《中国美术年鉴》已收编其作品《吹箫仕女图》和个人传略及其半身像。

1956年,组织上调他筹建苏州美术工艺研究室(后发展为工艺美术研究所、刺绣研究所),同时江苏国画院、浙江美术学院也拟邀请他去参加创作与教学工作。在此转折点他放弃了去国画院从事比较高雅的国画专业创作,毅然留苏任研究室副主任，从此致力于苏绣、缂丝艺术精品的创作设计工作，并以他擅长山水画，兼工花鸟、人物，对书画、文物、工艺美术品有丰富的鉴赏知识而声誉鹊起。

徐绍青在绘画设计

他既熟稔中国画的意境和笔墨神韵，又努力探索刺绣图案特点、针法运用、色彩搭配等独特的艺术语言，从而设计出既继承苏绣精细雅洁的传统风格，又具有时代气息的苏绣新作一百余幅。解放以来，许多著名的苏绣艺术精品创作设计稿都出自他的手笔。诸如20世纪60年代著名的苏绣精品《白孔雀》、《海棠冠眉》、《梅竹双雀》等，苏绣《白孔雀》1965年赴巴黎展出，倾倒成千上万的观众，使传统的苏绣花鸟焕发了灿烂青春。20世纪70年代设计了一批反映祖国新貌的山水绣稿，代表作有《南京长江大桥》、《锦绣江南》、《成昆铁路》、《长江万里图》等。《长江万里图》长18米，是徐绍青于1973年至1976年三次赴四川沿江写生提炼而成，反映了从重庆到上海万里长江中千帆竞发、两岸工厂林立的壮丽风光，是难得的时代画卷，也是当时苏绣史上最长的一幅绣卷。绣品曾赴日本、意大利展出。20 世纪 80 年代的主要作品是双面三异绣《鹦鹉仕女》、《松鼠葡萄》,双面异色绣《翠竹寿带》屏风等。这堂祝寿屏风于 1982 年作为庆贺朝鲜金日成首相七十寿辰的国礼,双面三异绣《松鼠葡萄》作为第二届中国工艺美术百花奖参赛作品之一,荣获金杯奖。90 年代他虽已年逾古稀,仍以旺盛的热情设计了《竹林群鹊》、《十六金扇》、《灿烂文化》三堂屏风。《竹林群鹊》被中国工艺美术珍宝馆收藏。

多才多艺的徐绍青还对苏绣传统进行了理论探讨研究。他撰写的《试论韩希孟刺绣艺术》一文,对韩氏 8 幅代表作的刺绣针法、艺术风格一一作了详尽的剖析介绍,得出韩希孟"一方面利用绘画艺术为基础,另一方面又尽量地发挥刺绣针法和调和色彩的表现能力,使它淋漓尽致,相得益彰,这是韩绣艺术的基本特点",因此他提出了"作为刺绣艺人来讲,也要深入生活,对自然景象多加观察,深知画理;作为刺绣创作人员来讲,除了深入生活以外,要懂得刺绣针法,要以能充分发挥刺绣艺术特色为前提进行创作,两者才能结合得更好"。行业内的人都称徐绍青是位多才多艺、学识渊博的杂家,凡有疑问即会想到向他请教,而每问亦必有答,成为名重一时的权威人士。

徐绍青是首批被国家命名为"工艺美术家"称号的中国工艺美术大师,还被聘为轻工业部中国工艺美术大师评审委员会委员。因其优异成绩和突出贡献,先后被评为苏州市、江苏省劳动模范,1993 年被授予国家级突出贡献专家,享受政府特殊津贴。他为画坛、绣苑培养的 14 位弟子分布

徐绍青作品:《清竹》屏风

在苏州、香港、加拿大、美国等地。有两副挽联对其一生作了高度概括:一副是施仁的“环秀砥柱卅八年,名扬艺苑;梅景传灯五十载,画继吴门”;一副是崔护的“文苑共尊,才超三吴,名重百代;画坛同感,博传六艺,自有千秋”。

(二)李娥瑛

李娥瑛,1926年生于刺绣之乡苏州吴县木渎,只读过3年小学,12岁就跟随母亲学刺绣。父亲经营一家代绣店,各人送来的刺绣品开阔了她的眼界。由于她虚心好学,成年时已能独立绣制《花好月圆》之类的艺术欣赏品了。后来由于刺绣收入甚微,她只得改学缝纫。

解放后的第5年,李娥瑛听说苏州市文联组织刺绣小组专门绣制出国的绣品,她立即赶到苏州参加考试,当场绣出一只小鸡便被录用了。但回到家中,双亲说:“你的孩子才6个月,你离家不行。再说搞缝纫一个月能赚40多元,刺绣一天只有7角钱。”但李娥瑛真心爱绣,有一天她乘父母去杭州探亲的机会,锁上家门,抱着婴儿毅然来到苏城,从业刺绣,并成长为苏绣中的中国工艺美术大师。

李娥瑛在研究刺绣针法技法

李娥瑛“功在刺绣业,名成双面绣”。1955年,她和王祖识、蔡文华一起试绣成建国以来第一幅散套双面绣《五彩牡丹》,该作品获江苏省手工业联社颁发的一等奖。双面绣由此得到了推广。1965年由于任务重、时间紧,她出主意采用分绷合绣的办法,这种方法后来得到普遍采用。1964年我国第一颗原子弹爆炸成功,李娥瑛打破过去以丝绸为底料的常规,大胆采用尼龙绡作底,使绣出的《原子弹爆炸》蘑菇云在透明的尼龙绡上腾空而起,大大提高了双面绣的欣赏效果。这种技法也得到推广运用,使双面绣《小猫》、《金鱼》因采用尼龙绡而成为优质名品。

李娥瑛勤于刻苦钻研,在针法技法上更为擅长。她先后担任刺绣技艺辅导员,针法研究室副主任、主任,刺绣专修班班主任兼教师。她本人学历不高,但能认真制定教学计划，建立各项规章制度，严格训练。名师出高徒，这批学员后成为刺绣研究所的技术骨干。四十多年来，李娥瑛在继承与发展传统技法、进行技术总结、培养刺绣艺术接班人等方面成绩显著。

1961年开始，李娥瑛主持苏绣针法汇编工作，把苏绣针法系统总结归纳为9大类42种，主编成《苏绣技法》一书。为结合在绣品中运用，她汇集成《苏绣针法过程图》、《草虫汇编》、《花卉汇编》、《蝴蝶汇编》、《戳纱汇编》、《现代人物汇编》、《平金范本》、《网绣过程图》等13本针法实物样本，成为珍贵的苏绣针法范本。研究戳纱针法图案100幅，并根据横、斜、直三种丝理绣成300幅，为戳纱针法的研究和运用奠定了基础。后获苏州科技成果一等奖，并受到全国科技大会嘉奖。

李娥瑛天资善绣，精心勤绣，曾绣有多幅精品，在刺绣业享有很高的声誉。其主要绣品有单面绣《百鸟朝凤》，双面绣《彩鸟屏》、《湘君》、《普贤佛像》、《金地扇面幽禽图》，戳纱《毛主席像》、《毛主席去安源》等。历年设计指导的主要新产品有：大幅《松龄鹤寿》、《孔雀牡丹》、《开国大典》、《群仙祝寿》屏，《长江万里图》、双面三异绣《鹦鹉仕女》等。在她指导下绣制的《松鼠葡萄》、《金鱼》前后获国家金杯奖和国际金奖。1978年开发试制戳纱蝴蝶、香袋、反戗蝴蝶桂花、戳纱腰带、盘金龙头、虎头等刺绣旅游品，又大为畅销。

李娥瑛说："艺术是没有得意满足的，一幅超越前面一幅。"1998年，她自己设计、刺绣的直径70厘米的《聚宝盆》，参加在泰国举办的第二届世界华人艺术大奖赛，获"国际荣誉金奖”。

当1982年李娥瑛赴澳大利亚表演刺绣技艺时，澳大利亚诗人奎佩斯特地三次前往观赏，曾即席作诗《江苏瑰宝》称赞：“我憧憬着西施的美传，更钦佩李娥瑛的苏绣魅力，玉指好似微风拂过花絮，又描绘海市蜃楼的美景！”

李娥瑛作品：《普贤菩萨》

李娥瑛晚年绣心不老，组织“苏绣艺苑”，继续指导学生，带徒传艺，并学习美术，亲自设计绣稿，不断推陈出新。近10年来她和学生们创作了刺绣精品124幅价值100万元，但她又舍不得出售，怕一旦出售，这些珍品就将离她而去。她的心愿是想建成一个苏绣基金会，拿出一部分办个苏绣学校或在哪个学校办个苏绣班，并以基金奖励，提携苏绣新人，推动精品创作，但终未能如愿。1997年10月，她将这些精品在吴作人艺术馆免费对外开放，让精美的苏绣文化发扬光大。1997年底，，她眼含激动的泪花，将这些精品无偿捐献给国家，由苏州博物馆收藏。这些苏绣精品中多为书、画、绣合一的艺术收藏品，其中古代题材的有仿唐阎立本名画《柳枝观音图》发绣挂屏，明唐寅《秋风纨扇图》为绣本的书画绣台屏，清任伯年《群仙祝寿图》为绣本的 12 联通景绣屏等。现代题材的有绣本为陈之佛的《十鹤图》、肖淑芳的《郁金香》双面绣台屏等，均有极高的艺术欣赏价值和收藏价值。

（三）顾文霞

姑苏城外木渎镇，历来是“家家有绣绷，户户飞针线”。苏绣艺术大师顾文霞于 1931 年 2 月就降生在这水乡古镇的小桥流水人家。她和千百位刺绣姑娘一样，从小就和母亲以针线度日。可母亲总是设法让女儿上学。这样，在众多的刺绣姑娘中，顾文霞成了为数不多的初中生，这为她后来的发展打下了基础。

1954 年，顾文霞参加苏州市文联刺绣小组，成为解放后首批参加集体组织的苏绣专业人才。1956 年 4 月加入中国共产党。同年 9 月，我国组团参加英国伦敦“国际手工艺品及家庭爱好品展览会”时，年轻擅绣的顾文霞脱颖而出，作为我国第一个出国表演刺绣的艺人，被选派赴英表演刺绣两个月。就在展览会上，顾文霞当众献神技，为国争了光，被人们赞为“中国的骄傲”、“神奇的杰作”、“东方的艺术明珠”。顾文霞载誉而归，在《新苏州报》上发表“伦敦行”连载 15 篇，声誉鹊起。随后于 1958 年 4 月又被选派赴瑞士洛桑“国家展览会”表演刺绣，并应客户要求用英文在绣品《母子猫》上绣了“为和平友谊而作，顾文霞绣于洛桑”的题款，遂誉传四海。这是她模仿在瑞士临时所买《母子猫》年历画，自己构绷绣制的。该作品即今苏绣《大白猫》前身。后经曹克家绘稿，研究所盛景云添加螳螂，成为苏绣传世名作《白猫戏螳螂》。

顾文霞在刺绣

《苏绣猫》是苏绣的代表作之一。为掌握绣猫要领，顾文霞开始仔细端详各种各样的猫，观察猫的各种各样的姿态，掌握那隐在毛丝中的猫的骨架，熟悉那瞬息万变的猫的神态，结合苏绣的特点，研究表现手法。她常在猫的构思中入睡，也常在睡梦中出现猫的构思。为了绣猫，顾文霞和其他艺人一样作出了自己的贡献。顾文霞1962年绣的两幅《花猫》、《黄猫》至今还保存在刺绣研究所资料室，虽然不是当今名作螳螂猫，但也留下了苏绣成长过程中的一个脚印。

许多刺绣艺人一辈子从绣，只是手把手地将技艺代代相传，而顾文霞则能自己动手，于1955年撰写《苏绣针法的种类及绣制方法》，由中央手管局译成俄文，转给苏联乌克兰集体农庄。这是我国首次使苏绣技艺以文字形式传到了海外。1963年她写出《复制韩希孟绣品的体会》；1964年，编写《小猫》、《金鱼》技艺总结，编入李娥瑛主编的《苏绣技法》;1969年编写《苏绣基本针法及双面绣》教材,去阿尔巴尼亚工作一年,在地拉那工艺厂将苏绣技艺当面授给对方,成为我国第一个将苏绣技艺当面授予异国的艺人。

顾文霞不但能绣会写,而且善于经营苏绣。1978年她任苏州刺绣研究所所长以来,制定“以研究促生产,以生产保研究”的治所宗旨,使创新与文物复制同步进行,培养人才与刺绣实践紧密结合,取得了较好的社会效益和经济效益,为研究所持续发展奠定了基础。同年10月,她被轻工业部命名为全国轻工业系统劳动模范。

顾文霞作品:《螳螂猫》

早在1959年,顾文霞就出席了江苏省先进工作者代表会议;同年10月,作为特邀代表出席了全国群英会,并为主席团成员,受到刘少奇、朱德、周恩来等党和国家领导人的接见。在全国性会议中,她被选为代表的有:1957年中国共产主义青年团第八次代表大会;1960年全国“三八”妇女节50周年纪念大会;1973年、1979年,中国共产党第十次、第十一次代表大会；1979年，全国第四次文代会。1983年任全国政协六届委员，并在1988年、1993年连任七届、八届全国政协委员。曾先后担任过中共江苏省委候补委员、中国美术家协会会员、中国工艺美术学会副理事长等职。1978年10月，被江苏省轻工业厅授予苏绣总工艺师职务。

名利对任何人都是一块试金石。1979年8月，全国工艺美术艺人、创作设计人员代表大会在北京召开。事先，顾文霞诚挚热情地给轻工业部工艺美术总公司领导写了一封信："二十多年来，我在党的教育和培养下，由一个普通的绣工成长为一个基层干部——然而随着年龄的增长，眼睛老花了，干起活来总得戴上眼镜了，这使我内心非常着急。特别是近几年来党和组织几次给了我荣誉称号，使我深刻地认识到荣誉和贡献的差距越来越大了，真是'盛名之下，其实难副'啊！因此，我面对这样高的与目前贡献不相称的荣誉和职务，除了焕发青春急起直追外，更迫切的心情是希望组织上照顾我，体谅我现在的实际情况，不要再给什么荣誉了。"为了表决心，她用针刺破了右食指，用鲜血签上了自己的名字。顾文霞在荣誉面前力荐别人的高尚美德被广为传颂。直至1988年，中央任命第二批工艺美术大师时，她才名列榜上。

在荏苒光阴中退下的顾文霞又热情高涨地积极筹建起中国苏绣艺术博物馆，并为苏绣复制历代名绣，组织主持了《姑苏繁华图》、《孙子兵法》等传世名绣工作，努力推动苏绣艺术不断前进。

据《苏州刺绣研究所所志》介绍，顾文霞擅长刺绣双面绣小猫、金鱼、花卉及传统针法，对绣品及绣稿有鉴赏能力，能总结苏绣技艺经验。评述顾文霞：对苏绣小猫、金鱼技术水平的提高和底料改革起了积极作用。担任领导工作后，在培养刺绣人才、研究苏绣技艺、创作新产品、开发旅游品、科技研究、扩大苏绣影响等方面均作出较大的贡献。

(四) 任嘒闲

任嘒闲，1916 年 12 月生于丹阳药王庙河边 1 号门。父任尧丞，钱庄职员，母林舜英，姐弟 5 口，嘒闲排行第三，原名惠先。9 岁进丹阳正则女子职业学校附属小学。11 岁受二婶母影响，开始学绣日用绣品，诸如茶垫、绣花鞋面等。她天资聪慧，心灵手巧，绣出的绣品常受到长辈夸奖，因此 15 岁就进丹阳正则女子职业学校绣科学习，随老师杨守玉学习刺绣传统针法及乱针绣。19 岁毕业后被校方先后聘为绣科教员、补习学校绣科主任。是年完成风景绣两幅，并完成佛像一幅，由吕凤子题字。抗战时随校西迁入川，仍任刺绣教员及绘绣专科助教，传艺于四川。所绣乱针绣《老翁》、《秋水》、《狗头》即入选当时渝蓉展览。

任嘒闲，1950 年迁居苏州后，与同学朱凤、周巽先合作为外贸公司绣制两套伟人像，她绣了《朱德》、《斯大林》各两幅。后又一起办刺绣学校，任刺绣教师兼乙班班主任。1954 年绣《百鸟朝凤》屏，《布尔加宁》、《别尔乌辛》像，所绣乱针绣《斯大林》像发表于《新华日报》。1955 年所绣《列宁在拉兹里夫》被周瘦鹃誉为“现代的针神”。1958 年她首创了“虚实乱针绣”，形如素描画，状若钢笔速写，以疏与密表现层次与明暗，所绣《列宁》像被作为刊头照片。1961 年受刘敦桢教授所邀，为丝绣专家朱启钤九十大庆绣像，以单色虚实乱针绣绣制，以戳纱边框镶边。朱老多次回函致谢，称："如此传神之作，沈寿不能专美于前。特别是采用虚实乱针绣，更觉有许多含蓄韵味。"后来她又不断创新，1962年创绣淡彩虚实乱针绣《列宁》，具有素描淡彩的效果，作品为江苏省文联美术馆收藏；同年所绣单色虚实乱针绣《列宁在讲台上》，为天津博物馆收藏。运用发绣，采取滚针、虚实针、网绣、旋针、鸡毛针针法绣成的《迦陵填词图》（吕凤子画），参加省创新展览后被南京艺术学院收藏。1967年她和赵骊珠合作，创绣了我国第一幅乱针绣双面异色异样绣《刘英俊·王杰》。

任嘒闲在刺绣

40多年来，任嘒闲致力于发展乱针绣技法，每多创新和建树，同时担任刺绣技艺指导员，1959年还曾到南京艺术学院织绣专修班任刺绣教师9个月，热心培养专业人才。她的第三代艺徒已成为苏绣中坚。她和周巽先等合作绣编的针法汇编40幅，成为宝贵的刺绣实物样板，对苏绣技艺

任嚐闲作品:乱针绣《齐白石》

的提高和发展作出了贡献。1981 年编写《苏州刺绣》一文发表于江苏出版的《文史资料》第 9 辑;1982 年和周巽先、张美芳合作编写的《乱针绣技法》一书由轻工业出版社出版。近代以乱针绣绣人物,任嚐闲可称中国第一。

1995年5月，任嘒闲将多年来所绣的47件精品举办了个人刺绣作品展。这些作品后被彩印出版为《任嘒闲刺绣艺术》一书。这是罕见的个人刺绣成就展，各界人士纷纷题赞。书画家郐西濠曾题藏头诗祝贺："任凭巧手度金针，嘒眼凝神着意深，娴熟技能追造化，名标当代艺林师。"

(五) 周巽先

周巽先，字逊言，1913年12月24日生于江苏丹阳县城内小桥头。父周云谷，母林爱珠，姐妹两人，排行第一。1921年进丹阳正则女子职业学校附属小学。1926年受母亲影响，开始学绣鞋头花、帽子等传统刺绣针法图案。1928年进丹阳正则女子职业学校绣科，学习传统刺绣针法，老师便是乱针绣创始人杨守玉。1931年毕业后以学习成绩殊

周巽先在刺绣

优,深为老师器重,被校方聘用留校,一方面学习杨守玉新创的乱针绣,一方面为绣课助教教员。当时她的乱针绣作品《佛像》、《风景》、《凤凰》等已在校内展览。

1951年,周巽先因同学朱凤之邀请到苏州刺绣领袖像,绣了《列宁》、《恩格斯》。1952年参加筹建苏州刺绣技术学校并任刺绣教师。1954年参加筹建苏州文联刺绣小组,并任刺绣技艺指导员。后小组转为苏州刺绣研究所,她先后担任刺绣专修班老师、针法研究室副主任、乱针绣研究室主任,长期从事刺绣技艺的指导工作。她把刺绣理论与绘画理论相结合,写成刺绣教材,一面以讲课的方式传授,一面在绣绷上作示范表演,并在学员的绣绷间巡回,逐个指导,帮助学员解决刺绣中的难题。经她指导和培养的苏绣后起之秀,至少有两三百人。她还曾与来华访问的朝鲜刺绣研究所所长金顺伊交流绣艺,也曾向来华的赞比亚青年传授刺绣技术。她还把画绣结合的教学经验写成"刺绣教学法浅谈",刊于《姑苏工艺美术》,并和任嘒闲、张美芳共同编著《乱针绣技法》一书传世。

据初步统计,周巽先从20世纪50年代至今,她的刺绣精品有30幅以上,如《列宁》、《恩格斯》、《毛主席》、《高尔基》、《百鸟朝凤》,绒线绣《金日成》,双面乱针绣《母子猫》,双面乱针绣地屏《双鹤》、《三猫图》等。一些较难的人物绣的面部都由她绣制。绣《三猫图》时,她用较短的针迹,极乱的稀绣,第一批绣好基本色彩后,又一次次加上环境色,使猫的色彩丰富,毛丝蓬松,不必再作一次"披毛",既省一半工时,又获完美效果。由于她敬业乐群,任劳任怨,受到社

周巽先作品：乱针绣《双鹤》

会各界的尊重，1959 年被邀赴京登上天安门观礼台参加国庆十周年庆典，1960 年当选为全国文联理事。1988 年被评为高级工艺美术师，1977 年获中国工艺美术大师称号。1998 年 12 月 22 日在苏州逝世，享年 85 岁。

(六)周爱珍

苏绣继《猫》之后成为名品的《金鱼》,就是周爱珍的创新。周爱珍,1934 年 1 月生于浙江省慈溪。她从小酷爱绘画,1951 年考入上海美术专科学校,1952 年随高等学校院系调整并入华东艺专(南京艺术学院前身)。1956 年毕业,以优异成绩留校任助教。1958 年调苏州工艺美术学校任教,1962 年因学校停办而转到苏州刺绣研究所,在设计室从事苏绣欣赏品的创作设计。她擅长的是油画,兼及水粉、水彩等西画,认为“惟油画才是真正的艺术”。初次接触苏绣,感到难以下手,青年时当画家的努力都落空了。

但周爱珍是位才艺甚高、事业心强的勤奋画家。在研究所领导的鼓励下,她深入到刺绣第一线,研究刺绣的操作、针法与历史,并亲自动手学绣。在实践中她认识到刺绣与油画是相通的,都是用色彩来表现造型,讲究虚实、光线、形神,只是表现的工具、材料、方法不同。经过研究分析,她在设计中尝试运用古典派油画技法,尽量减弱油画笔触的趣味,吸收国画细腻的工笔渲染方法,突出主题、简练布局,设计了第一幅油画的金鱼绣稿。在刺绣时,又提醒刺绣艺人不能单纯追求刺绣的平、光、齐、匀,而要运用刺绣粗与细、疏与密、厚与薄的对比手法。经她指导下绣成的刺绣史上第一幅油画稿《金鱼》,在江苏省四新展览会上得到一致好评,从而坚定了周爱珍以自己的专长为刺绣设计绣稿的信心。此后三十多年她为苏绣设计了一系列名作。

1972 年全国工艺美术展览会上,她设计的双面绣《金鱼》地屏高 90 厘米、宽 50 厘米,给人以耳目一新之感,作品

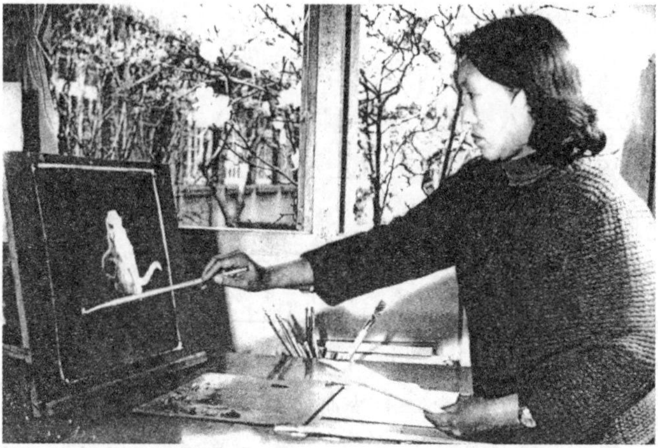

周爱珍在设计画稿

随即被故宫博物院作为现代苏绣精品代表作收藏。1985年,她设计的双面绣《金鱼》在第56届波兹南国际博览会上荣获金质奖章。《白鹭夜景》是她在《金鱼》名作后又一新创的力作,在一片宁静的夜色中,白鹭等景物都寓动于静中,色调幽雅,情趣盎然,先后在北京国际博览会及江苏省第六届新产品展览中获金奖。无论是画花鸟虫草,还是人像风景,她都能得心应手,成为极好的绣稿,在画与绣的领域内她已挥毫自如了。

周爱珍和她的丈夫王人及的油画作品展先后两次在苏州和南京展出,展示了她的多才多艺。20世纪90年代初,她又将西画设计与传统名品苏绣猫相结合,完成了《白猫》、《黑猫》的创作,充分发挥其艺术功力,将猫的头形、五官刻画得细致周到,而有的部位则虚化,使具像刻画与简练虚化有机地结合，给人以意在画外、意犹未尽的感染力，深化了传统题材的内涵。作品问世以来一直是外宾求购的艺术品之一。她的主要作品还有《虎丘》、《拙政园》、《沧浪亭》等风景绣稿和《周总理像》、《白求恩》、《齐白石》、《82 + 1》、《邓小平》等人物肖像绣稿。

1982年，由周爱珍设计，任嘒闲等绣制的乱针绣双面异色绣《虎丘》，一面为绿色调的春景，一面为黄橙色调的秋色，使乱针绣的风景绝妙地利用异色绣技艺得到了充分表现。选取的题材巧妙切题，艺术的内涵更为丰富。

《齐白石》是体现周爱珍功夫的力作。作品中齐白石睿智的眼神和艺术家的气质被表达得淋漓尽致，经任嘒闲乱针绣精心绣成后，给观赏者留下了难忘的印象。后作为苏绣经典作品被刺绣研究所永远保存。

自沈寿将油画作品引入刺绣以来，杨守玉将此创出了乱针绣技法，周爱珍则承前启后，在西画与苏绣艺术结合方面作出了新的贡献。1989年被江苏省政府授予"江苏省有突出贡献的中青年专家"称号，1991年享受"国家特殊津贴"，1996年被评为中国工艺美术大师。

（七）殷濂君

殷濂君，1930年7月15日生于苏绣之乡吴县光福。光福位于太湖之滨，也是蚕桑丝绣的传统产地之一，殷濂君的艺术生命就在此环境中孕育成长。她从小就伴随母亲刺绣，中间只读了3年书。由于她生性聪颖，悟性极高，很快就学会了绣制鞋头花、枕套、被面、旗袍等日用品。1946年，她来到苏州城里帮佣谋生。1955年2月，她抓住机会参加了市文联刺绣小组，在那里得到金静芬、朱凤等刺绣名家的指点，从绣日用品发展为绣艺术欣赏品。她特别爱好绣花卉，除了钻研针法，还细心观察自然界花卉的结构和成长，逐渐在绣花卉方面成为能手。1960年10月，殷濂君由于丈夫被错划为“右派”而受株连，从苏州刺绣研究所调至苏州刺绣厂，这样的不公正待遇反而更激发了她努力刺绣的积极性，成为刺绣厂里的技艺高手。

殷濂君在刺绣

“文革”中，殷濂君承绣了好几幅大型的领袖像。一幅是《毛主席和林彪在天安门上》，绣像为双面异色，正面为彩色，反面为黑白色。她和朱世英负责绣人物面部，她绣毛主席，朱世英绣林彪。作品在广州交易会展出后赠送给轻工业部。一幅为迎接党的“九大”召开而绣的毛主席站立微笑招手的单面彩色绣像，高2.4米、宽1.4米，现收藏于中国革命博物馆。这几幅毛主席绣像现已成为代表这一历史时期的珍贵绣品。

殷濂君凭着她的钻研，几乎每绣一幅作品都有新的创造和突破，因此 1996 年被命名为中国工艺美术大师。早在 1974 年，她用尼龙绡为底料绣的双面绣《波斯猫》就被作为国家礼品赠给了伊朗首相。1977 年，她根据摄影稿绣成双面异色绣《长毛猫》，创出了“连顶针回连顶针”，成功地表现了长毛猫的特殊毛丝。后在她的指导下，青年艺人陈明(现为高级工艺美术师、江苏省工艺美术名人)绣制的一幅双面绣《长毛猫》在 1986 年 5 月保加利亚举行的第六届普罗迪夫国际春季博览会上获金牌奖，成为举世瞩目的珍品，《人民日报》等作了获奖报道。

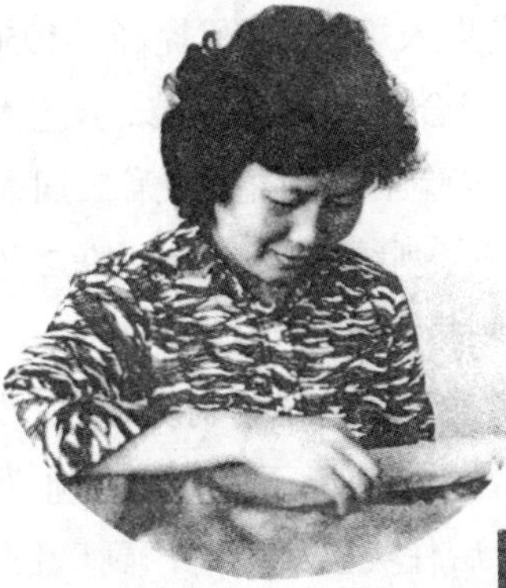

双面绣《长毛猫》与绣制者陈明

让世人都知道殷濂君的是因为她创新绣成了双面三异绣。1980 年 3 月，她和邱秀英分别创绣成的双面三异绣作品问世。她绣的是直径为 33 厘米的台屏《小白猫和叭儿狗》。能在双面三异绣的情况下处理好无数线头针迹，两面互不影响，真是绝技惊人。双面三异绣的创始成功，轰动了中国刺绣界和新闻界，随后各地也开始了这方面的研绣。1981 年 5 月，她和陈明合绣了双面异色绣《月季》，充分发挥了她绣花卉的特长，作品获江苏省工艺美术百花奖。1984 年，她又成功地绣出双面三异绣《红枫·鹰·鹦鹉》，作品高 50 厘米，宽 35 厘米。这次是带了陈明、何铮一起绣的，她要培养接班人，使所创技艺能不断承传和开拓。

（八）蒋雪英

蒋雪英，1933 年 10 月 10 日生于吴县胥口乡蒋墩村一个工匠家里，胥口也是太湖边的刺绣之乡，她自幼习绣。1954 年 11 月至 1955 年 1 月，蒋雪英参加了市文联刺绣小组的刺绣短训班，在技艺上正式步入规范，有了提高。1956 年再次参加市刺绣工艺美术生产合作社技艺进修，绣艺大进。后在苏州刺绣研究所曾任实验工场副主任、第二届刺绣专修班二班刺绣教师，成为一名刺绣技艺骨干。1962 年曾担任南京艺术学院织绣班的刺绣辅导教师。

蒋雪英真正建功立业是 1972 年调至吴县刺绣厂（后改为吴县刺绣总厂）后，这本是一次受挫，反而成为她创业的辉煌起点。她初任设计组组长，后任吴县刺绣总厂副厂长、吴县刺绣研究所所长。她绣制的《荷香鸭肥》、《梅花欢喜漫天雪》在香港展出，颇获好评；1979 年绣制何香凝的《梅花册页》、宋人画册《菊花丛》作品在全国工艺美术艺人、创作设计人员作品展览会展出，又获好评。1982 年在她指导下绣制的盘金、双面异色绣《狮子滚绣球》与其他苏绣作品一起荣获中国工艺美术百花奖金杯奖。

作为苏绣艺人，绣艺精湛是基本功，而蒋雪英在苏绣市场方面作了成功的开拓。1973年，她从上海外贸接来日本和服、腰带试样任务，开始遭到众人反对，理由是和服图案一件一个样，不利于批量生产。蒋雪英力排众议，她说："高档品种和中低档品种都是相辅相成的，中低档产品数量大，是生产的基本方面，而高档品则标志着一个厂的技术水平，有助于扩大影响，增加中低产品的定货。"为此，她从对外洽谈，到研究刺绣工艺、安排生产、下乡技术辅导，一竿子到底奋力苦干，逐步培养新手，增加定单，此项现已发展为吴县刺绣总厂的主要产品。

在绣制和服、腰带的工艺中，蒋雪英引进了日本的带子绣、管绣、盘线绣、穿箔绣等针法绣技，并与苏绣传统针法相结合，提高了产品成交率，最终达到了增加定货、提高声誉的预期目标。为了保证产品质量，她还专门编写了"和服、腰带工艺规程"和"操作口诀"，发给每位绣女，并经常顶暑冒寒、走村串户对绣女进行辅导，检查质量。采取边生产、边培训，发展新一代绣工。1973年开始时刺绣和服、腰带产值只有9万元，1987年已达3050万元，广大绣女也从刺绣副业中获得了比农业生产高得多的收入而步入了小康生活。刺绣和服、腰带的生产发展为重新振兴吴县刺绣业起了重大推动作用，蒋雪英个人为之奋斗了二十余年仍未敢稍有疏怠。

还有一次是在20世纪80年代，日本客商提出要做抽拉雕刺绣。厂领导召开有关人员开会进行讨论，大家认为抽拉雕刺绣不属苏绣传统针法，便回绝了客商的要求。而蒋雪英认为外贸生产必须使产品适应市场需要，若墨守成规，硬要外贸市场符合我们的传统，路便必然越走越窄。为此，她又一次向传统观念提出挑战，坚持组织生产试样。从此，抽拉雕刺绣的订货也逐年增加。现在，能做抽拉雕刺绣的绣工近3000人，工场有20多个，产值约占和服、腰带的1/3。

蒋雪英在日本

从1977年至1998年，蒋雪英曾先后18次赴日本考察和交流技术，举办绣品展览、进行绣技表演百余场次。如“现代中国刺绣美术展览会”、“苏绣和服、腰带展览会”、“蒋雪英的世界”展览会等。蒋雪英绣的《狮子留袖》被日本天皇的女儿购去，日本天皇夫人穿的金线仙鹤留袖也出自蒋雪英之手。经她指导绣制的日本和服，有的被日本影星穿着后刊登于杂志，日本影星山口百惠还特意在该厂定制结婚礼服，可见其在日本的影响。她还为日本著名服装设计师沈阴惠和桂田梅分别绣制了人像和夜礼服。凡有“蒋雪英”署名的绣品，更是声价倍增。“蒋雪英”三字已被一户日本商家注册为商标。吴县刺绣总厂在日本市场的知名度也因而大大提高。在国内,蒋雪英曾获"省劳动模范"、"全国三八红旗手"称号。

她常说:"我愿把毕生精力献给苏绣事业,也希望后来居上,由更多的人来开拓创新,使苏绣事业更加兴旺发达。"

(九)陈亚先

陈亚先,1997年同全国107位大师一起被评为中国工艺美术大师时,她已68岁了。1929年冬,她出生于江苏无锡前洲镇一个平民家庭。父亲在米厂工作,在陈亚先7岁时去世。为生存计,8岁的陈亚先即随母亲进无锡缫丝厂当一名抽丝童工。1938年她被寄养到常州姑母家,并有机会入学读书,最喜欢的是美工课。每当老师把她的作品挂上墙时,她都萌生长大当画家的愿望。

解放初,常州兴办起缝纫机绣花班,陈亚先想这也是一种美术,即报名参加,遂与刺绣结下不解之缘,并为此耗尽了毕生心血。1954年,她进了合作社绣花组,后随之并入常州机绣手帕厂。经她设计研制的一件机绣仿手绣枕套在江苏省同类产品评比中获一等奖,由此陈亚先从普通技术员升为主管技术的副厂长。这一成功,激发了她在刺绣领

陈亚先在刺绣

域要创更好成绩的雄心。1958年,她在展览馆偶尔见到一幅杨守玉的乱针绣《朱德像》,被其艺术所感染、所震撼,就毅然找到杨守玉家登门拜师学艺。经过三年的刻苦努力学习,她终于掌握了乱针绣中最难的人物绣技艺。1960年,她组建了常州市工艺美术研究所,热情投入了艺术的探索和创造,成功地创制出许多人物、风景和动物绣佳作,畅销海内外。她曾任研究所乱针艺术刺绣创作设计室主任、副所长、总工艺师。

陈亚先代表作有1979年所绣日本青年女演员《秋吉久美子》像,因此幅作品的成功,常州被列为全国人像绣第一个定点生产单位。其乱针绣人像《宋庆龄》获江苏省工艺美术百花奖。1982年,由陈亚先、潘细琴合作的乱针绣《幸福老人》在全国第二届工艺美术百花奖评比中与苏绣其他作品一起荣获金杯奖,进一步奠定了乱针绣的历史地位。1983年乱针绣人像《沙特阿拉伯国王》被作为国家礼品外赠。陈亚先、单银娣绣制的《华林秋色》、《少女》,由中国外贸部发给乱针绣出口荣誉证。1984年,绣制的超大型乱针绣人像《伊文思》(荷兰著名电影艺术家)参加全国旅游产品会议受到较高评价,会议简报认为从"针法、用色和技巧等角度看,是一件完美的艺术绣像精品,在所有的绣品中水平是高的"。

陈亚先1987年设计创作乱针人像绣《红衣男孩》,被中国丝绸博物馆收藏;1989年大型乱针绣《宫女》入选全国大师优秀作品展;1991年微型乱针绣《蒙娜丽莎》获省优秀作品奖;1995年乱针人像绣《演出之前》、《憧憬》入选全国大师作品展，并赴香港中山会议展览中心展出，被艺术欣赏家收藏；1996年乱针绣《江泽民主席》参加国内外展览。

陈亚先作品：乱针绣《幸福老人》

乱针绣作品从题材、表现对象、表现技法直至绣品的规格尺寸，在解放后苏州、常州刺绣艺人的研究下都有很大突破。在陈亚先具体指导下，经集体的努力，常州又诞生了几十种不同的乱针绣针法，丰富了乱针绣的表现内涵，针对表现对象的多样化，可采用不同的针法表现不同的物体质感。多年来陈亚先培养了六七十名乱针绣艺徒，其中许多已获得高级、中级职称，使乱针绣在常州得以持续发展。

限于篇幅，只能将大师作概貌简介。其实，每个苏绣艺人都有一段生动的刺绣经历，都有一个深重的刺绣情结，都可写出一篇灿烂的成就华章，都可抒唱一曲赞美之歌。是她们将眼前灵气绣入吴绫，飞针走线创出了锦绣业绩。无论是艺术欣赏品，还是日用绣品，都值得人们去细细鉴赏，好好品味，人们切莫亏待了这千针万线带来的艺术享受，切莫辜负了这美妙绝伦的刺绣艺术。

飞针走线凭观赏

苏绣著称于世，是由其产品打响的。在历史上，虽然苏绣已经延续了几千年，但常常湮没于民间，人们虽然衣锦着绣，但由于司空见惯，绣则绣矣，然无名也。宋明之际，苏绣以精湛之技艺、灿烂之绣品，引起文人雅士之赏识，以至王鏊在编纂《姑苏志》时，记下了“精细雅洁，称苏州绣”的精当评语，苏绣乃初称于世。清末民初，以沈寿为代表的一批苏绣名手接连涌现，同时苏绣佳作也联珠而出，并在国内外陈赛展览时频频获奖，苏绣因此名声大著。

建国几十年来经过苏绣广大艺人的不懈努力，创作绣制了许多苏绣名作，使苏绣早已名扬四海。根据历史的积累和开发的新产品，已逐渐形成苏绣的几大类著名产品。品种主要为双面绣屏风、地屏、台屏、单面绣中堂、壁挂、册页等。内容有小猫、金鱼、花鸟、山水、人物、动物、风景艺术绣等大类。

苏绣花开两枝：一枝是艺术欣赏品，一枝是日用绣品。这是苏绣提高和普及不可缺一的两个方面，由此构成了完整的苏绣艺术。

让我们选择一些苏绣品，领略苏绣精细雅洁的风姿。

一、尺幅凝霜胜画韵

人人都说苏绣好，苏绣美在哪里呢？美术家讲美学艺术，刺绣者说针法技艺，外行人仍然一头雾水，不知其妙。其实观赏者以不同角度、方法、心态和修养出发，可以说出各自不同的观感。

为了更好地对绣品有较好的理解，识得其神技奇艺，只能先对苏绣品制作的基本情况说两句。刺绣是一项艺术的劳作，是“工”和“艺”的结合。在“工”以前，先要有“艺”的构思设计，在“工”的过程中施以“艺”的表现。所以，整个刺绣作品的完成，大致需要经过创作设计图案、研究刺绣针法、用线设色、如何绣制，刺绣完成后将绣品装裱起来或成合加工等过程。一件绣品的完成，实际上是各个方面通力合作的成果。

（一）画绣之工

欣赏苏绣艺品，要从绣稿谈起。“绣工未动，画工先行。”画师要努力根据刺绣图案的特点、针法和色彩的运用，选择题材，设计图样，创作出既适合发挥刺绣技艺又满足人们观赏或日用习俗需求的图稿，提供绣稿和色稿。画与绣的艺术效果是不一样的。画是用笔和色彩依照国画、油画、水彩画等不同的绘画技法来表现的，自有其墨韵浓妆淡抹的特色；绣是通过无数纵横的彩色线条组成的画面，受光反射出的丝光回动而有明有暗，产生很有生气的活动感、实物感。因此，刺绣画稿又不同于一般画稿，有它的特殊要求，需适应针法色彩的表现特点，服务于刺绣技艺的施展，构图简练，用笔工整，线条清晰，色彩鲜明。欣赏艺术品，就要体验画师的一番心意。

绣工则对图稿进行分析研究，考虑先用什么针法绣什么部位的物像，用什么粗细的线色绣成什么效果的绣品。如果刺绣仅满足于摹仿一幅画，成为画的复制品，那就失去了刺绣艺术的价值。刺绣艺人要根据不同的画稿，充分运用苏绣的针法、色彩诸传统特点进行艺术再创造。经过刺绣的艺术加工，一些精致的绣品本身就是一幅锦绣的画面，并被誉为“佳者较画更胜”，达到画所不及的艺术效果，真正体现出刺绣艺术的美。

经过著名画家和苏绣大师的共同努力，才能创作成一幅珍贵的艺术欣赏品。

苏绣日用品的绣稿设计，大多取材于生活及民间传说的题材。解放后随着苏绣的发展，图案设计队伍的壮大，接连出版了由绘画设计人员整理创作的画册。1962 年 9 月，徐绍青主编的《苏州刺绣图案》由朝花美术出版社出版。在书中精选了 123 幅图案，品种包括被面、靠垫、袖边、花边、衣边、椅垫、枕套、枕巾、剧装、腰带、背心等十多种，是一本汇编古今苏绣日用品图案的珍贵资料。

1980 年，柳炳元编绘的《苏绣传统图案》由轻工业出版社出版。该图案集中有龙、龙凤、凤、狮子、鸳鸯、鹤、锦鸡、孔雀、寿带鸟、翠鸟、腊嘴鸟、画眉鸟、鹰、鸽、喜鹊、黄鹂、燕子、白头鸟 、鹦鹉、芦雁、鸡、绣眼、鹌鹑,共计300幅清新秀丽、变化多端的苏绣传统图案。如“二龙戏珠”、“凤穿牡丹”、“狮子滚绣球”、“鸳鸯戏水”、“松鹤延年”、“喜鹊登梅”、“白头桃柳”、“孔雀开屏”等传统图案题材绣制的刺绣日用品,都曾畅销一时。后来又继续编绘了第二集、第三集。他的5个女儿都在工艺美术行业从事创作设计绘画工作,如柳金燕、柳增燕等,受其父影响,都成为业中高手,被称作“五燕齐飞”。

1981年,由苏州刺绣厂、苏州绣品厂、苏州刺绣研究所合作绘制的《日用苏绣图案》由轻工业出版社出版。按日用品中的被面、枕套、床罩、帐沿、靠垫、台毯、胸花、方头巾、长围巾、裙边、手帕、拖鞋等12个大类品种,选绘了620幅不同的花样与图案,设计新颖,日用性强,反映了苏绣的图案设计古为今用不断创新的成果,从中可看到苏绣日用品的丰富多彩。

同样的图案,还因日用品的不同造型和装饰需求,构成不同的图形。刺绣绘画设计人员随时根据人们的生活需求、习俗爱好而不断推陈出新,从传统画稿开发出新颖画稿及卡通等装饰性强的图案。同时,日用绣品首先要分清是销往何处的,“百里不同风”,不同地区、不同顾客对绣品有不同的爱好和要求,以市场为定向。如以不同顾客而言,江南大城市的喜欢色彩淡雅的;长江以北的喜欢色彩鲜艳、花型要大;港澳地区的则喜欢龙凤传统图案。外销的还要考虑到各国人民的不同爱好和习俗忌讳。

（二）绣制技艺

苏绣名品所以能展现高超的技艺水平，关键还在于艺人熟练地掌握刺绣的线条、丝理，熟悉各种针法和绣法，灵活自如地进行创造性的刺绣操作。

我们所看到的刺绣品实际上都是由刺绣线条构成的。据苏绣工艺美术大师李娥瑛介绍，如绣山茶、玉兰、荷花等肥厚的花瓣，就用粗而密的线条来表达肥厚的质感；绣紫薇、罂粟、凤仙等轻薄的花瓣，就用细而稀的线条来表现轻薄的质感。运用不同粗细、不同色彩的线条，就能绣出形象生动、色彩鲜艳的作品。即使绣石头、树梗等没有生机的实物，如果排针、线条运用得当，也能表现出它们坚硬质感，反映出它们高低不平的特点。刺绣线条能起到这样的视觉作用。

从业内术语讲，刺绣线条排列的方向称“丝缕”、“丝理”或“丝路”，最能表达物体的凹凸转折、阴阳向背。如绣一朵侧形的牡丹花，花瓣有凹有凸，有正瓣和反瓣，同一片花瓣上也有正反瓣，就是通过刺绣的丝缕来表现的，如果掌握不好，正反瓣不分，就会使整朵花的花瓣显得生硬松散。能熟练掌握丝缕变化的规律，就能表现花朵迎风争艳、鸟儿枝头跳跃、小猫呼之欲出、金鱼娓娓而摆的生动姿态，增强绣品的艺术效果。

苏绣的特点还在于它应用了一套多变的针法。每一种针法都有一定的组织规律与独特的表现效果，选用合适的针法就能恰当地表现刺绣物体的质感，增强刺绣艺术的表现能力。如散套针法，线条组织灵活，丝理转折自如，镶色

苏绣《海棠冠眉》

梅花鹦鹉

接色和顺,绣出的花卉娇艳多姿,五彩缤纷。另外,不同的绣法,能完美地体现所绣物体的形象与特征。如:最常用的平绣,是在平面底料上运用齐针、戗针、套针、擞和针、施针进行的绣法,能体现“平、光、齐、匀、和、顺、细、密”的特点。乱针绣,以似乱不乱的斜线条交叉搀合成绣面,这种特殊线条的绣法使作品近看似粗糙,若朦胧;远看则逼真,更传神。其他如借用画稿底色虚实针结合的借底绣;采用缠针、滚针等针法,以人的头发作绣线表现白描线条的发绣;

苏绣《月季》

纱绣(以纳锦、戳纱、打点等方法,在纱地上按格数眼进行绣制)等都显示出苏绣的精湛技艺和针法的多变。

苏绣不但针法多,而且变化也多,一种物象往往可以运用各种针法,一种针法也可以绣多种物象。绣法除了针法

打点绣《芦雁》

运用外，还包括正确掌握轮廓形状、丝理转折、线条粗细虚实以及镶色等因素。这几个因素都与作品的效果密切相关。“牡丹不用画胭脂，绣出风光配四时。”根据物象的形态特征和刺绣品的艺术要求，灵活地运用针法，巧妙地施线加色，就能表达出一个艺人的刺绣水平。

在创新针法的同时，苏绣的技艺也在不断提高，刺绣的艺术表现更为完美。刺绣艺人画绣结合，努力表达出刺绣线条丝理、色彩光泽、形神逼真的特色，表达出刺绣的艺术意境。运用各种苏绣技艺，施行于不同的苏绣品，可使绣品达到平（绣面平服，熨帖如画）、光（光彩炫目，色泽鲜明）、齐（针脚齐整，轮廓清晰）、匀（皮头均匀，疏密一致）、和（色彩调和，浓淡合度）、顺（丝缕合理，圆转自如）、细（用针纤细，绣线精细）、密（排列紧凑，不露针迹）、形神兼备、画绣合璧的艺术境地。

苏绣的艺术特点，具有图案秀丽、色彩淡雅、线条明快、

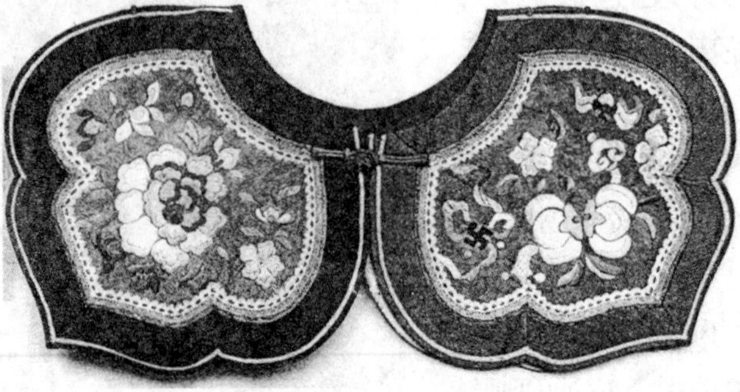

日用绣品

针法活泼、绣工精细的风格。日用绣品体现在刺绣绣面平服，色泽鲜明，针脚齐整，皮头均匀，色彩调和，丝缕合理，不露针迹。

观赏一幅刺绣作品，第一眼的感觉是构图、色彩、形象，给人以美感；然后是细赏其针法、丝理、技艺之精妙，渐入佳境而领悟三昧，终于使人赞赏不已，叹为观止。

当我们明白了苏绣艺术以上这些基本要点和特征，就能正确理解和观赏苏绣的各类产品了。

二、一鸣惊人苏绣猫

有人说："苏绣猫，湘绣虎。"这是解放以来区分这两大绣的标志性代表作。苏绣猫称著始于 1956 年，顾文霞带双面绣《月季小猫》赴英国伦敦进行刺绣操作表演时，曾轰动英伦三岛，以所绣精致小猫被誉为"东方的明珠"。苏绣猫就此一鸣惊人，开创了苏绣史上的新篇章。

按苏绣猫的历史,有实物可考的是南京博物院珍藏的《耄耋延年》,作于清道光年间(1821—1850)。沈寿南通弟子施宗淑也绣过《三猫图》,同时代金静芬也绣过《猫嬉图》,参加过1915年巴拿马太平洋万国博览会。虽说苏绣猫早已有之,但只是作为题材之一。解放后在组织起来的苏绣生产中,有一部分是带研究性质的生产,这就为刺绣艺人提供了良好的研绣环境,从养家糊口改为艺术追求,苏绣猫就是在这样的情况下诞生的。

顾文霞是苏绣猫的创始者之一,1956年9月6日至9月21日,苏绣参加了在英国伦敦奥林比亚皇室大厅举办的"手工艺品及家庭爱好品国际展览会",顾文霞是我国第一位出国表演刺绣技艺的艺人。她在1956年11月1日《新苏州报》上撰文说:"在我的刺绣表演台前,每天每次都挤满了人。""在表演时,我劈一根线,穿一根针,刺上刺下,这一举一动都使参观的人看得出神。""有位老太太,特地通过翻译的介绍,要我教她学花心的打籽,教了她几遍,这位老太太感慨地说:'中国刺绣实在太精细了,我连拿针都拿不牢。'"英国的报纸、电台称苏绣为"神奇的艺术"、"有生命的静物"、"天才的结晶"、"东方的艺术明珠"。顾文霞的刺绣技艺表演,为苏绣赢得了极大的声誉。她绣小猫的特点,在于她经过悉心钻研改变了绣法,才绣出了一鸣惊人的苏绣猫。她创造性地运用稀针打底,然后分层加色,层层密密施针,既发挥了绣线的明亮光泽,又突出了小猫毛色蓬松、细致柔软的质感;同时她把一根丝线劈成二十四丝来进行镶色和衬光,就把小猫的眼睛绣得水汪汪、亮晶晶、活龙活现、呼之欲出。苏绣猫绣活了，就此一鸣惊人。

双面绣《玳瑁猫》

当苏绣猫在1956年初见成效后，苏州特地请北京画猫专家曹克家来苏指导，并组织盛景云、柳金燕、徐志慧、顾文霞、余福臻、杨家琳拜其为师，绘画设计人员盛景云专职创作小猫绣稿，有《盛景云绣猫》一册收藏于研究所。有一时期还成立了绣猫研究小组，画猫的与绣猫的在一起共同探讨。1962年共绣了八十多幅小猫，一销而空。苏绣猫成为解放后创新的著名作品，从《月季小猫》、《波斯猫》、《白猫戏螳螂》，发展为采用摄影照片《沙发双猫》、《三猫》、《地毯双猫》等为绣稿的苏绣猫，还有油画稿的《猫头》等，形成了苏绣猫系列名品。

绣制形神逼真的猫，首先要画出猫的绣稿，然后在底料上将绣稿图样勾画出一个大致的轮廓，待一层层绣线绣上去后，先前的图样早就被覆盖淹没了。这时，就凭绣工面对绣稿，细心揣摩了。为了绣好猫，许多艺人家中还特地喂养着猫，便于平时仔细观察。艺人根据猫的神态、姿势，正确掌握其毛丝丝理，就像医学解剖一样，确定淹没在毛丝里猫的各个部位和层次，构思针法、色彩，选好绣线，按照刺绣要求进行艺术加工。

曹克家画猫时用毛笔一层层加色而成，刺绣时也是由浅到深按其丝理逐层加色，综合运用施针、擞和针、套针、虚实针等针法，根据受光不同，选用不同色阶线，多次施针套色。苏绣艺人在散套针基础上结合猫的特点，创出“活毛套”针法，使之线随毛丝走，五官、头、背、臀各部位形体正确，尾巴生长自然，四肢形准、有力。丝理上整体中心线与局部中心线正确，丝理转折软顺自然。线条粗细得当，毛丝覆盖有层次，边缘毛丝虚实、错落有致，毛丝蓬松有飘逸感。

绣猫比画猫还难。最重要的细小部位都是花了大功夫的。就拿简单的猫耳来说，边上的一条耳廓，是以绣线一至二丝，用接针（短针先后衔接连续进行）绣出的，再由淡到深，分层用接针绣上。耳廓处用色略淡，排针渐稀，使之有轻飘感。通过交叉绣，反映出毛丝的层次，用色彩和丝缕反映出凹凸、深浅的耳朵内外层。画龙点睛，绣猫眼是精华所在。艺人们根据猫眼瞳孔受光部位的不同色彩，先用二十多种颜色的丝线，运用集套针（以排针稀密整齐的刺绣线条，分皮顺序进行，由后皮线条嵌入前皮线条中间，丝丝相夹，每一针针迹都对着圆心，每套进一皮排稀一针，越到中心藏针越多),换针换线向圆心套绣,线绒纤细,色彩丰富和谐,猫眼灼灼有光,呈现水晶体眼球的质光感,因而传神逼真。

双面绣《波斯猫》

一花独放不是春。由于苏绣猫成为苏绣代表作广受中外欢迎,吴县特地在东山举办刺绣培训班,有 1200 名绣女参加了推广散套、活毛套新针法的专业技术培训。为吴县地区刺绣技艺的提高奠定了基础,使散处各乡镇的绣女技艺也有了很大提高。由她们再一传十、十传百地传授给邻里乡亲。这样,除了城里专业人员的水平在提高,各乡镇广大绣女的技艺也随之提高了。苏绣猫也因此普及开来。

1962 年春,叶圣陶曾在《顾文霞同志以所绣猫蝶图见贻精妙非凡受之欣然题十四韵为酬》中赞顾文霞所绣《猫蝶图》:"小猫仰蝴蝶,定睛微侧首,侧首何所思,良难猜之透。未必食指动,馋涎流出口;未必如庄生,蝶我皆乌有。猜之亦奚为,但赏针法秀。""文霞擅此艺,勤习始自幼;功到二美

双面绣《沙发双猫》

兼，灵心并妙手；往尝涉重洋，神技当众奏；观者咸惊叹，丝绘顷刻就。”以文学家细致的笔调，勾勒了苏绣猫的神态，盛赞顾文霞的灵心妙手。

1981 年 9 月 1 日，美国总统卡特夫妇来到苏州刺绣研究所，一下车便紧紧握住顾文霞的手说了一番真诚的见面话，也表达了对苏绣猫的由衷赞赏：“去年邓小平副主席访美时送给我的双面绣小猫，是我最珍贵的礼物，它来自你们的研究所。这种高超的技艺简直让人不可思议！所以我一直很想来亲眼看一看，并向你们表示谢意，今天终于如愿以偿了。”

猫吃鱼是习性，继苏绣猫之后开发苏绣鱼则是艺人的创新。金鱼，是一种观赏鱼，本是鲫鱼之变种，体小，多呈金红色，品种不一，造型优美，体态轻盈，色彩丰富，经人们培

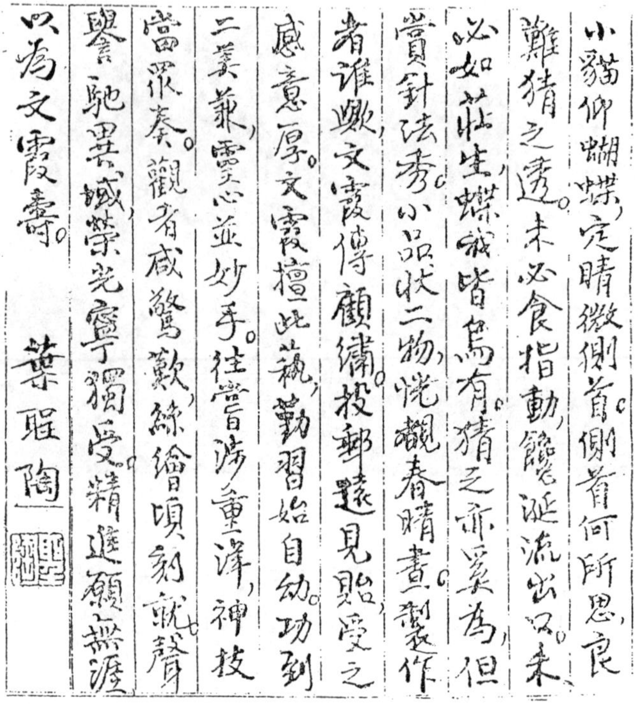

小貓仰蝴蝶，定睛微側首。側首何所思，良難猜之透。未必食指動，饞涎流出口，未必如莊生，蝶我皆烏有。猜之亦奚為，但賞針法秀。小品狀二物，恍覩春晴晝。製作者誰歟，文霞傳顧繡。投郵遠見貽，受之感意厚。文霞擅此藝，勤習始自幼。功到二美兼，靈心並妙手。往嘗涉重洋，神技當眾奏。觀者咸驚歎，綵繪頃刻就。聲譽馳異域，榮光寧獨受。精進願無涯，以為文霞壽。

葉聖陶

叶圣陶赠顾文霞诗(手迹)

育成为观赏鱼,俗称金鱼。宋吴自牧《梦梁录》虫鱼之品中谈到金鱼:“今钱塘门外,多蓄养之,入城货卖,名鱼儿活。”苏东坡游西湖后曾有“我识南屏金鲫鱼,重来拊槛散斋余”之句。因此,金鱼早就有之,并为人们所宠爱。金鱼作为刺绣题材也早在明清时期就出现了,有时和紫藤、牡丹、葡萄等装饰性花卉结合在一起,以取“金玉富贵”、“锦上添花”、“金玉满堂”等富贵吉祥之意,运用在被面、靠垫、枕套等日用绣品上。有时也据传统画稿绣成一般的刺绣画片册页,但不是单独绣金鱼，刺绣运用的是传统绣法。

1960年，苏绣艺人徐志慧采用解放后创新发展的散套针，以凌虚画的国画水墨金鱼稿绣制了第一幅单面绣《金鱼》，在德国莱比锡展览会上进行刺绣表演获好评。1962年，顾文霞采用半透明的绢纱为底料绣制金鱼，把两幅双面绣金鱼夹入三块玻璃中，增加了作品的欣赏情趣，在北京团城展览会受到好评，并获创作奖。这是对苏绣《金鱼》的又一次尝试。真正形成今天的苏绣《金鱼》，是1965年由周爱珍设计、李娥瑛绣制的刺绣史上第一幅油画《金鱼》，在江苏省“六新”展览会展出获得好评。从此油画金鱼正式大批量绣出，并成为苏绣名品之一。

以油画为绣稿的《金鱼》绣品，是设计人员和刺绣艺人合作而成功的。在选料和构思上都有独到之处。起先选用半透明的绢纱，纱地薄而无光，半透明，但还不够细腻，表现不出平滑如镜的水面效果。经试制，采用透明度强、质地紧密、织面细腻光洁的尼龙绡为底料，并染成深墨绿色，使之色如绿波，薄似透明。以此衬托金鱼，绣面上虽然没绣一丝水纹，却能使人感到画面秋水盈盈，清澈如镜。刺绣金鱼，则不是一味追求刺绣平光齐匀的效果，我们观赏时也会注意到，这是与画稿一样采用对比手法，正确表现金鱼各部位的质感。作者将绣线由背到腹逐渐减细，尾部用虚针，越至末梢排针越稀，用线越细，以至仅用一根丝线的1/48，表现其薄如蝉翼的透明感，使之鱼水交融为一体。经过这样精细的劈线一层层镶色绣，使鳞片通过丝线的受光作用而闪闪发光，惟妙惟肖地表现了各种金鱼的特色。你看那金鱼

双面绣《金鱼》台屏

在水中自在地飘游，越趋向边缘，其色彩越和水色相接近，鱼水色彩相映，鱼儿似在水中若隐若现，形态优美，水中一层层水草亦表现出随风摇曳的动态。真是一幅鱼乐图。经过设计和绣法的不断改进、充实，苏绣油画稿《金鱼》艺术精品成为苏绣近年来继小猫之后的又一代表力作。

双面绣《金鱼》地屏

开发苏绣猫，显示了苏绣的神技；开发金鱼，更展示了苏绣的精细。苏绣《猫》和《金鱼》作为代表作，多次参加国内外展出，观众无不为这苏绣杰作而倾倒、而赞赏。

1972年在北京民族文化宫，由轻工业部、对外贸易部联合主办了“全国工艺美术品展览(第二次)”，苏绣参展的有大幅《百花齐放》，双面绣《南京长江大桥》、《月季》、《莒兰》、《金鱼》、《八猫》、《白猫戏螳螂》、《松鼠葡萄》和各类苏绣日用品等。第一次展出用尼龙绡为底料绣制的苏绣《小猫》、《金鱼》、《花鸟》等新产品，受到一致好评，《人民日报》特地刊登了《白猫戏螳螂》等作品的照片。

1981年，在日本东京、大阪举办“江苏省工艺美术品展销会”。主要展品为《彩丹引凤》、《虎丘》，双面绣《金鱼》、《月季花》、《六扇绿竹通景屏风》等，由余福臻现场表演刺绣

《金鱼》、《花篮双猫》，她被围得水泄不通，绣品销售一空。

1987 年 5 月，在北京举办“苏州刺绣展览”，共展出苏绣精品百余幅，其中有反映姑苏风景题材的大幅绣品《姑苏秀色》，双面绣《银羽丹岗》、《猫趣》，创新的双面统色调绣《金鱼》，双面三异绣《金丝猴和叭儿狗》等，以独特的江南地方风格和苏绣精细雅洁的艺术特色受到各界人士的高度评价。中共中央顾问委员会副主任薄一波题词：“姑苏绣女，天下无双。”全国人大常委会副委员长彭冲题写：“历史悠久，工艺精湛，品质优良，驰名中外。”中共中央书记处书记郝建秀赞道：“富有特色的苏绣艺术品精细、雅洁，太妙了。”著名作家老舍的夫人专门为展览赠送了条幅：“度得鸳针匠心巧，舒将风采花样新。”

双面绣《波斯猫》曾作为国家礼品，分别馈赠给法国总统蓬皮杜、圭亚那总理伯纳姆、伊朗阿什拉芙公主、斯里兰卡总理、突尼斯总理等；而日本首相田中、加拿大总理特鲁多、墨西哥总统洛佩斯、利比亚总统托尔伯特、美国总统卡特夫妇、美国总统里根夫妇、英国女王伊丽莎白等都珍藏着双面绣《白猫戏螳螂》。双面绣《金鱼》也被馈赠给美国总统福特、缅甸总统吴奈温、巴基斯坦总统齐亚哈克、日本首相中曾根夫妇等。

1984 年，双面绣《金鱼》获波兰波兹南国际博览会金质奖章；1986 年，双面绣《长毛猫》在保加利亚第六届普罗夫迪夫国际博览会上再获金牌。

能将苏绣猫绣活是绝技，能将艺术摄影作品绣出神韵也是绝技。不同绣品，各有所长，这正是苏绣精妙所在。精在于工艺，妙在于构思。妙思、工艺，缺一不可。绝技妙艺是苏绣的功夫，是苏绣的完美，是苏绣的形象，是苏绣的灵魂……

苏绣国内外获奖奖杯、奖牌

三、眼前灵气入吴绫

李政道说：“艺术的目的主要是用一种新的创作方法，引起欣赏者的情感。对艺术而言，引起的情感越珍贵、越普遍，反应越强烈，那么艺术就越优秀。”每幅苏绣艺术精品都是一次艺术的创作，正不断吸引着欣赏者的情感，引起了强烈的反响。无论是花鸟山水，人物动物，风景摄影艺术，还是其他各类绣品,苏绣艺人都能将其灵气一一收于针下,绣入吴绫,给人以赏心悦目的艺术享受。

(一) 花鸟山水

苏州地处江南,山清水秀,鸟语花香,所以花鸟山水常被画家形诸笔端,刺绣艺人则将此纳入针下,日久自然形成了一套精熟的技艺。前人赞叹的宋人之绣,佳者较画更胜,就是当时苏绣花鸟山水的写照:山水分远近之趣,楼阁得深邃之体,花鸟极绰约嚵唼之态。高廉《燕间清赏笺》赞:“宋人绣画山水人物、楼台花鸟,针线细密,不露边缝,设色开染,较画更佳,以其绒色光彩夺目,丰神生意,望之宛然,三昧悉矣。”这正是描述了苏绣花鸟山水最能体现的苏绣“平、光、齐、匀、和、顺、细、密”的传统技艺。苏绣花鸟山水本是苏绣的传统名牌产品。

解放以来,苏绣的花鸟山水不断创出了名品和精品,尤其是大幅的双面绣花鸟屏风精细雅洁,创出了历史记录,突出体现了苏绣的地方风格。如《鸣春图》屏风,由六条单屏组成,既是一堂构图完整的屏风,又可分单幅观赏,绣面以梅花为主,山茶、绿竹陪衬,山鹊引吭高歌,呈现一幅春光明媚的意境,成为苏绣花鸟绣的代表作之一。此外,著名的大幅绣品还有《松龄鹤寿》、《孔雀牡丹》、《芦雁》、《牡丹鸽子》、《彩丹引凤》等;中小件的有《荷花翠鸟》、《月季》、《芙蓉海棠》、《雪梅》、《碧桃鹦鹉》等;旅游品有《松海寿带》、《猫面花》、《钻石兰》等:均深受外宾欢迎,成为饮誉中外的苏绣花鸟名绣。

观赏苏绣花鸟 ,可见构图简洁,主题突出,用色文雅秀

苏绣《白孔雀》

丽,独具江南风味。一朵花朵,从出边到花蕊往往要用二十多种色线绣成,镶色和顺细腻,丝理转折自如,线条排列紧凑,能按照花鸟的生长规律,正确绣出其形状特征、凹凸转折、阴阳向背,排针均匀、紧密。如双面绣《月季》,以花蕊为中心,以每张花瓣为中心线,绣出了月季花俯仰向背的生动姿态。代表作《白孔雀》,随姿态各异转折丝理,自然生动,翎毛相叠处边缘齐整,层次分明,色彩上更是以白孔雀为主体,红岩、墨竹衬景,鲜明而和谐。无论是工笔花鸟还是写意花鸟,无论是单面绣、双面绣,都显得平、光、齐、匀,细致耐赏。当年闺阁绣一针一线的细腻情感,无不在花枝中、鸟羽间流露出来,正是"花随玉指添春色,鸟逐金针长羽毛"。

不仅花鸟绣得如此生动活泼,在花鸟绣中,常有一些山水衬景,苏绣艺术也能将生命赋予树石:运用粗细线条虚实排列,表现山石质感及远近层次;运用直线条的虚实排列,表现水的质感及流动方向。树石轮廓,则根据不同树石形态运针,根据树干受光、背光面深浅不同,采用不同色线刺绣,使树干浑厚有质感,连树节疤处也以明暗衬光表现出凹凸形来;石头则根据形态分块面,按明暗衬光,以粗细线条来表现石头坚硬的质感。楼阁亭台则透视正确,轮廓线条都挺拔形正,完全是美术功底在绣艺中的再现。在花鸟绣中的山水衬景,甚至也有以画补绣,绣艺与绘画完美结合,加虚实针点缀画幅而成,省工省时,突出花鸟主题,另有一番简雅的艺术效果。

1997年苏州市人民大会堂建成,苏州刺绣研究所为之赶绣了阔5.4米、高1.7米的巨幅苏绣《松鹤图》。绣稿是苏州国画院徐源绍所画的国画，松间有7只鹤在翔游，寓苏州市及所辖6个县市社会主义建设繁荣昌盛之意。作品由顾伊萍、钱晓梅、曹琦珍、丁娜静、徐建华5人合作绣制，前后花了半年时间绣成。绣幅上方有苏州大学钱仲联教授题诗："东南吴会大，一郡此明堂，傲雪贞松在，凌风七鹤翔，群贤欣毕至，盛业颂长昌，展拓程无尽，图开万丈光。"诗由苏州国画院书法家谭以文书写，因此这幅《松鹤图》巨幅绣屏集苏州文化艺术特长之诗、书、画、绣于一体，不失为具有苏州特色的艺术佳作。

双面绣《牡丹地屏》(被选为1998年邮政贺年明信片)

1997年11月1日开始发行的1998年邮政贺年(有奖)明信片全套12枚，除6枚是卡通老虎以示虎年外，其余6枚为苏绣花鸟屏，这是从苏绣花鸟中精选的代表作，反映了苏绣传统花鸟绣的技艺水平和艺术特色。这6幅花鸟屏是：《梅花鹦鹉》、《松鹤延年》、《海棠冠眉》、《牡丹地屏》、《孔雀翩翩》、《绿叶昙花》。这几幅为苏绣中的小花鸟屏，绣品图案秀丽，色彩柔和，绣工精细，入选为邮政贺年明信片，当为极佳的邮品。东方艺术瑰宝苏绣，随着绿色信使传遍各地。

（二）人物动物

刺绣本是一种装饰艺术，为服装装饰，为日用品装饰，为居室装饰。随着佛教艺术的传入，唐代有了刺绣佛像。后来的这一类刺绣，也大都是佛教中的菩萨、观音、罗汉。清末沈寿即绣有《济公》像，在浅蓝色缎底上，绣济公背手执一芭蕉扇，作步行状，近前方有酒两坛，济公两眼注视酒坛，笑逐颜开，形象生动。右上方题有“光绪乙巳(1905)春日吴中天香阁女士沈寿制”，绣品题词旁有“御屏风”方形章一，下有“三百年第一人”方形章一，右下角又有“姓名常在御屏风”方形章一。绣品藏于苏州博物馆。原稿是工笔人物画，王剑秋作。针法以擞和针为主，斜缠针、鸡毛针为辅，滚针又次之。色彩处理上，开始吸收西洋画的表现方法。在济公的面部、颈部、衣纹等处，都根据光线的明暗，分出深浅，用色得当。这是沈寿于清光绪三十一年(1905)探索仿真绣开始时的早期初试作品。

解放后，刺绣人物像成为苏绣的又一主要作品，并且因其精湛的绣艺而著称于世。解放初，就曾以乱针绣的马克思、恩格斯、列宁、斯大林等领袖像而得到中央和苏州文化艺术部门的重视，从此人物绣像在苏绣精品中正式成为一个大类。1958 年，邹斯娴始创双面乱针绣人像；1959 年，周巽先又发展了虚实乱针绣法，以素描为稿本，运用虚实结合的线条，绣出《列宁像》、《朱启钤像》、《路易·欧仁·瓦尔兰像》、《周总理的睡衣》，绣面疏密有致，洗炼活泼。1962 年，任嘒闲又创淡彩虚实乱针绣《列宁像》。1959 年后，接受外交部定货，专门绣制有关的外国元首像，作为国家礼品馈赠

苏绣《双湘图》

外国元首。苏绣人物像因此名声更大，成为苏绣一大特色名品。苏绣仕女也时有佳品问世。这是以传统国画为绣稿的平绣作品，与乱针绣人物像有所不同。1962年，陆如慧绣唐寅画《秋风纨扇图》、宋人画《半闲秋兴图》，针脚细密，线色光亮。1981年，牟志红绣的双面绣唐寅画《洞箫仕女》、刘旦宅画《双湘图》等，都成为苏绣的优秀传统仕女人物绣作品。

当年金静芬的学生牟志红，曾从金静芬一起绣过十二金钗中的探春，她体会到绣仕女人物像：一是要有针法、色彩、用线方面扎实的基本功，并能充分体现苏绣的平、齐、细、密、匀、光、和、顺的特点；二是造型要准确，外型轮廓和五官轮廓不能有丝毫走样，一般仕女的面部不过一两寸，而在这方寸之内要表现人物神采表情，全在细处见功夫。在神态上正确表现五官的形神，特别是嘴角与眼睛的神情。在色彩上正确处理人像的基本色与环境色，色调冷暖对比要有变化，色彩丰富而不乱，复杂而又统一。如双面绣《玉貌仕女图》，少女内穿装饰团花纹样的套裙，外罩淡紫红的纱质窄裙外套，并搭有一条淡青紫色的飘带，在绣到飘带外套层次的地方，按飘带的丝缕在排稀的飘带色内均匀嵌入外套线色；绣到外套覆盖手臂和肩部的地方，根据手臂轮廓，在外套内嵌入较淡肉色，针脚稍有参差，达到很好的艺术效果。仕女面容俏丽细嫩，头发柔软和顺，衣服体现出不同材料的质感。绣写意画仕女与工笔画仕女又不同，是以虚实浓淡的墨韵表现物体的造型。绣人物肖像也因画稿不同而针法绣法有所不同，如油画稿、照片稿，有的是肖像，有的还有景物，这就要正确处理人物外轮廓的虚实关系，使人物与背景连接处具有空间感。毕竟牟志红是金静芬的高

12联通景屏《群仙祝寿图》

徒,对仕女人物绣有独到的见地,在绣品中才反映出如此高超的造诣。

苏绣对传统人物绣不断有所创新。如苏绣珍品12联通景屏《群仙祝寿图》,是以清代著名画家任伯年名作《群仙祝寿图》为绣稿,画面有众多神仙人物,内容构成神奇而饶有情趣。绣品由李娥瑛指导并率领技艺人员用两年多时间精心绣成。刺绣根据画稿上人物、云彩、树石等不同形象,分别用散套、虚实、打籽、缠针、戳纱等二十多种针法绣成,线色深浅多达三百余种,绣工精致,色彩丰富。整件绣屏高83厘米,通屏宽264厘米,如此大幅的12联通景屏为苏绣中少见,人物绣刻画细腻,为传统人物绣中的珍品。

比较大幅的人物肖像绣有1978年根据意大利摄影家焦尔焦·洛蒂拍摄的《周恩来总理像》,因为这是周总理生前留下的最后一幅照片,故而也称为《最后的时刻》。这是作为周总理逝世3周年纪念的作品,送往中国历史博物馆"周恩来同志纪念馆"陈列。周总理生前对苏绣的发展和提高十分重视,曾多次指示把绣制国际间交往的国家级礼品交给苏州去完成,每当审查出国展品时,周总理总要关切地问:"苏州刺绣来了没有?"在全国群英会上,周总理与顾文霞握手时曾高兴地赞扬:"苏绣很好,很有名啊!"1963年还把兄弟国家赠送给他的两幅刺绣艺术品转送给苏州刺绣研究所。研究所特意挑选了周总理这幅珍贵的照片进行绣制。绣像宽1.4米,高1米,在任嘒闲指导下由冯丽忆独立绣制完成。因为绣面较大,冯丽忆是整日站立着进行刺绣的。她用放大镜把照片和画稿琢磨了一遍又一遍,最后决定运用乱针绣与细绣中的施针绣法，认真地绣出了周总理在那一时期的特定形象。绣面上周总理倚坐在沙发上，脸庞瘦削，眼神坚毅，正视前方，正经历着被病魔折磨并与之搏斗以及被“四人帮”折磨并与之斗争的艰难时刻，形象逼真，色彩丰富，层次清晰，立体感强，体现了苏绣精致细腻的本色，以其艺术力量给每个见到这幅绣品的人留下深刻难忘的印象。

乱针绣《周恩来总理像》

1985年，首创人物肖像双面三异绣《查尔斯·戴安娜》。绣屏高50厘米，宽40厘米，一面绣的是身穿笔挺呢服的英国查尔斯王子，另一面绣的是身穿云衣霓裳的戴安娜王妃，同是含笑的碧眼，王子深邃明亮，王妃清澈甜美，两面所用的刺绣针法也不相同，所以是三异绣品，体现了苏绣的高超技艺。作品由周爱珍、张玉英、梅桂芳、任嘒闲等设计、绣制而成。

著名的新作人物绣像是邓小平的绣像。1988年3月，苏州刺绣研究所副所长张美芳赴京参加全国人代会，见到我国改革开放总设计师邓小平的伟人风采，当即萌发要绣一幅邓小平肖像的愿望。这个想法得到不少与会代表的支持。新华社的几位记者听说后，便从大量的摄影作品中选出一些适宜刺绣的照片让张美芳挑选。张美芳最终挑选了一幅由杨绍明拍摄的《82+1》，即《爷爷和小外孙》的生活照。照片上小外孙亲昵地依偎着满面笑容的爷爷，似乎正在对他说悄悄话，两人神态自然，亲切感人。用苏绣来表现这一瞬间真情正是最能体现苏绣艺术的好题材。

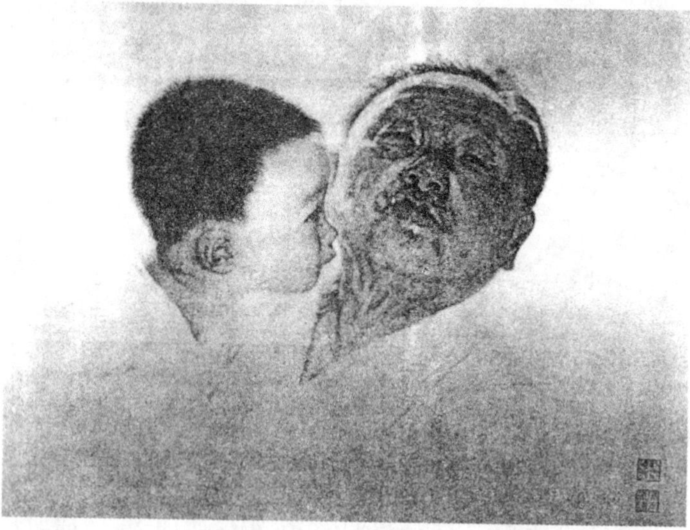

苏绣《82+1》

回苏后，张美芳与设计人员周爱珍商量这幅作品的表现技巧，决定用油画重新表现照片所摄下的景象，并突出人物的脸部表情，虚化人物的衣服和背景，放大比例。这样设计处理后的绣稿更形象生动地突出了主题。刺绣由高级工艺美术师张玉英承担，她曾先后绣制过《摩洛哥国王肖像》、《阿联酋酋长肖像》，特别擅长于人物肖像绣。在绣制过程中，任嘒闲也予以关心和指导。绣线色彩用了几百种，针法细腻，色彩柔和，经半年时间的精心绣制，这幅长60厘米、宽50厘米的乱针绣精品《82+1》才完成。绣面上纵横交叉的彩线，显示出光与影的最佳组合，真实地再现了邓小平在家中和小外孙亲昵的舐犊之情：邓小平既是伟大的领袖，又是一位慈祥的外祖父。

邓小平及家人观看苏州刺绣研究所赠送的苏绣《82+1》

1989年3月,张美芳和张玉英带着这幅精心绣制的绣品前往北京,在人民大会堂将绣品交给了邓小平的小女儿毛毛(邓榕)。邓榕代表父亲收下了这幅凝聚着深情厚意的绣品。看到绣面上自己父亲和孩子绣得如此形神逼真,禁不住连声称赞:“绣得太出色了,想不到苏绣能如此逼真地塑造形象。老爷子一定喜欢,一定喜欢,真是谢谢你们了!”她还表示将这幅绣品陈列在邓小平办公室里,让更多的人观赏。午饭时,毛毛特意询问苏州来的刺绣艺人有何要求,大家提出能否寄一张邓小平观看绣品时的照片,毛毛欣然应允了。回到苏州不久,苏州刺绣研究所就收到了一张邓小平和家人满面笑容地观赏绣品的照片。照片上,四五岁的小外孙调皮地歪着小脑袋,正噘着嘴去亲绣面上的自己,邓小平与一旁的夫人卓琳为小外孙天真活泼的姿态忍俊不禁,开心地欣赏着绣像。这一张照片也成为珍贵的历史镜头收入苏州刺绣史中,增添了一段不可多得的佳话。

从苏绣猫、金鱼创出名牌,后来也绣了不少狗的形象,大都是根据彩照绣制而成。既然当下人们对宠物狗宠爱有加,绣出来自然也成了大家特宠的作品了。比如,吴霞靓设计的《黄底沙皮狗》,章荷花在刺绣时用小乱针法细致地表现了沙皮狗多皱的面部,用百余种色线绣出了纯种狗的神态。另一幅李建平设计的《白底沙皮狗》,则虚化了狗的身躯和背景,着重刻画了沙皮狗的面部表情,胡咏梅在绣制时以较短的针脚表现出沙皮狗憨厚乳气的表情。苏绣艺术在狗的题材方面也是随类赋彩,富有情趣。

（三）风景艺术

在宋人画绣中，有山水、楼阁、人物、花鸟，是传统的山水国画，其中也有各类景物。明董其昌《筠清轩秘录》在谈到宋人之绣时称："余家蓄一幅作渊明潦倒于东篱，山水树石，景物粲然也。傍作蝇头小楷十余字，亦遒劲不凡，用以配子昂《归田赋》真迹，亦似得所。元人则绒稍粗，落针不密，间用墨描眉目，不复如宋人之精工矣。"传统风景绣是用的传统细绣平绣的技法。新的乱针绣风景，是以乱针绣长短交叉的线条分层加色，更为适宜表现风景中各种交叉参差的景物。所绣人物、动物、花鸟、风景都有生动活泼、线条流畅、色彩丰富、层次感强的特点，因此乱针绣风景逐渐在苏州形成一大特色艺术品。

早在1955年，苏绣艺人就以乱针刺绣了《北海》，成功地表现了北京北海公园的秀丽景色，接着又刺绣了《颐和园》、《天坛》、《天安门夜景》等北京风景。1959年国庆10周年时，北京新建成10大建筑，苏绣又据此为题材，以乱针绣刺绣了《民族文化宫》、《人民大会堂》等新建筑风景，形成了一批乱针绣风景绣作品。1965年，宋菊英首次以乱针绣试绣成双面乱针绣《东方红》。"文化大革命"中，苏绣的传统题材和产品被诬为"四旧"予以否定。彼时又风行朝拜革命圣地，于是乱针绣绣制的革命圣地风景一时间成为风尚，《韶山》、《延安》、《井冈山》、《茨坪》、《遵义》、《南湖》、《五指山》、《爱晚亭》等乱针绣作品又绣了不少，被选用为外洋轮船的室内装饰，并参加国内外各项展览。此时还绣了《大庆油田》和《大寨红花》等追求时尚的风景绣。粉碎"四人帮"

后，苏绣设计人员和刺绣艺人才解脱思想束缚，真正创作了乱针绣风景艺术的作品，如《无锡寄畅园》、《苏州拙政园》等园林风光。1982年，由周爱珍设计，任嘒闲等绣制的乱针绣《虎丘》成为双面异色风景绣，绣品的一面为绿色调的春景，另一面是黄橙色的秋色，恰好反映了虎丘春秋两季的不同风景景色，使乱针绣风景的技艺达到了新的高度。

乱针绣刺绣的风景画，一般采用摄影作品或油画稿。这些新创作的乱针绣油画稿，大都由周爱珍设计，是专为乱针绣而设计创作的风景油画，已考虑到刺绣时的施针配色和前后层次变化的表现，所以刺绣艺人能根据绣稿灵活运用大乱针、三角针、虚实乱针绣等针法绣法，正确透视建筑物，轮廓正确，前后层次分明。这些绣品由乱针绣法的线条组成交叉形，在经过多次搀和后仍能显露出多种没有掩盖的原有线色，使绣面上色彩缤纷，画面灿烂辉映，胜似原来的风景。

乱针绣《苏州拙政园》

在苏绣中“绣缋共工”是随着我国的绘画艺术一起发展的。近百年来,西洋画不断进入中国,使传统工艺美术感到应有所变革创新,苏绣便率先以摄影照片和油画为绣稿,强调了仿真传神和线光色彩的艺术效果,从此走出了一条新途径。

1986年,使苏绣走向世界的又一个机会来了。美国著名现实主义风景摄影艺术家罗伯物·格伦·柯秋慕随国际旅游团来苏游览,在组织例行安排的参观苏州刺绣研究所绣品时,这位富有创见的摄影艺术家被乱针绣触发了灵感,忽然想起是否该将自己的风景摄影艺术作品拿来刺绣,使之产生更好的艺术效果,可以成为永久珍藏的艺术精品。他的设想和苏绣艺人的创新精神正好一致,一拍即合。苏绣正欲走出传统刺绣的困境,且乱针绣风景已打下成功的基础,以名人作品为绣稿,绣出的绣品更为有名。这是一种成功的相互作用效应。

首先合作的是一幅罗伯特的摄影作品《雪松》。刺绣研究所黄春娅运用乱针绣对这幅表现美国阿拉斯加山顶雪景的作品进行了艺术再创作,绣出了雪盖松树的晶莹世界。罗伯特认为苏绣艺人的确能理解他的摄影艺术。他说:“刺绣艺术品比原来的摄影作品艺术内涵更加丰富。”从此他和刺绣研究所开始了长期合作,每年从他的摄影作品中选出一幅得意作品拿到苏州出高价请予绣制。接连绣制了《红枫》、《森林》、《秋景》、《野地红叶》、《广阔的秋景》、《山坡的灌丛》、《冒气的池塘》等风景摄影艺术作品。

乱针绣《雪松》

所绣《冒气的池塘》是罗伯特的摄影力作。该作品远近对比明显,色彩层次丰富,荡漾在水面的水草倒影与林中飘动的晨雾融合在一起,整个作品的画面充满了灵气和生命力,朦胧的意境任人流连遐想。苏绣进入了更高品位的艺术品境界。罗伯特说:“我的目标是使西方摄影艺术与东方传统的刺绣艺术相结合,并以新的面目出现。现在,这一点我们已做到了,而且超出了我最初的期望。”

据承担罗伯特摄影作品刺绣的苏绣艺人黄春娅介绍,她曾经从世界艺术精华和罗伯特摄影作品中获取创作灵感。《野地红叶》是由远处朦胧的树丛和近处茂密的树干衬托了在明媚阳光照耀下的野地红叶。背景层次丰富,色彩复杂多变,而且画面上树干、树枝与树叶之间的点滴变化又细致入微。这是摄影艺术写真的效果。黄春娅在任嘒闲大师指导下,对此进行了认真的分析和研究,区分主次,有所取舍,确定了表现物象需运用的针法、线条和色彩。当罗伯特来苏州验收乱针绣作品《野地红叶》时,情不自禁地跪下来,认真地从各个角度审视着绣品的每个细节。最后,罗伯特激动地指着绣面上适当的留白说:“这些都恰到好处,正是我本人所希望的,而在我的摄影作品中所无法达到的完美意境。”回国后,他在来信中称赞:“我的同事们,包括西海岸著名的专科学院和葛底博物馆的纺织专家都高度评价你绣制该作品的非凡技艺。”东方刺绣艺术倾倒了西方著名摄影家。这是苏绣艺人的成就,是苏绣艺术的成功。苏绣艺术与摄影艺术相结合,展示了更完美的艺术魅力。

黄春娅是南师大油画系的毕业生,不但有学识积累和对绘画艺术的理解,而且善于思考,勇于实践。她在学习沈

罗伯特和任嘒闲交流摄影和刺绣艺术

寿“色有定也,色之用无定;针法有定,针法之用无定”的理论中悟得针法之妙用,要求自己在传统的刺绣艺术宝库中融入时代的创意和思考。在现代艺术形式中,由于苏绣艺人充分发挥传统技艺和创新意识,用刺绣的独特技艺对摄影作品进行艺术再创造,不但完善了摄影作品的创意,表现了大自然变化多彩的风光,而且也使苏绣艺术进一步完善了创新,表现了苏绣技艺变化多姿的潜力,把作品清新和幽静的意境表现得更加深刻。这是新一代苏绣技艺人员水平的展现。可谓长江后浪推前浪,一代胜过一代。

江苏省轻工业厅副厅长顾信在苏州刺绣研究所刺绣艺术品赴美预展会上致词

当严冬的蓝雾雪松、晨曦中的冒气池塘、阳光下的遍地红叶,被苏绣一一刺入吴绫,灿烂地呈现在人们眼前时,人们无不为苏绣艺术的生机与活力而惊叹。从静态的艺术作品中表现出动态的艺术效果,更是苏绣艺术的升华。

经过苏绣艺术对西方摄影艺术的多次成功的再创造,罗伯特深有感触地说:“西方艺术到今天还对东方艺术不理解,这实在是不应该的。苏绣艺术完全有资格进入世界艺术殿堂。”经罗伯特联系,苏绣的这些艺术精品在美国加州艺术博物馆展出。这是苏绣作品以高层次艺术品的面貌进入西方艺术殿堂,接受世界人民的检阅。

苏绣语言讲述着东、西方艺术的故事。进入世界艺术殿堂是苏绣艺术的新起步。

四、千针万缕夺天工

苏绣在与西方现代艺术接轨的同时,没有丢弃传统,而是继承传统又有发展,这就诞生了当代刺绣史上的几幅特殊作品。当你对苏绣艺术有了一定了解后,不妨再观赏一下由千针万缕构成的精彩绣品,为苏绣的多姿多彩而放歌一曲。

(一)巨幅绣屏《姑苏繁华图》

清乾隆二十四年(1759),宫廷画家徐扬画《盛世滋生图》,又名《姑苏繁华图》,以长卷形式和散点透视技法,反映当时苏州“商贾辐辏,百货骈阗”之市井风情,进献乾隆皇帝,以赞乾隆盛世。这是继宋代《清明上河图》后的又一宏伟长卷,比《清明上河图》卷长一倍多。徐扬,字云亭,苏州人,家住阊门内专诸巷,擅长绘画艺术,人物、花鸟、界画都很精妙,对苏州的一山一水十分熟悉,真实地为我们留下了240年前苏州的繁荣景象,弥足珍贵。1995年初,以这一历史长卷为蓝本的苏绣长卷《姑苏繁华图》在苏州中国苏绣艺术博物馆问世。说起这幅图卷,画稿还来之不易。原作为清宫珍品,收藏于御书房,辛亥革命后溥仪离宫出走前曾将此画窃出宫外,先后携至天津、长春,解放后藏于辽宁省博物馆,为国家一级文物。苏州为庆祝建城2500周年,市地方志办公室负责人张英霖亲赴北京与有关主管部门商议借图一用,以制作建城2500周年纪念挂历及画册。因为要借出制版,国家一级文物没有这个先例,于是张英霖直接写信托人转交给当时主持中央工作的胡耀邦,终获最高领导同意,这幅历史长卷才得刊印与众见面。

绣成的《姑苏繁华图》绣屏,全长1280厘米,宽38厘米,由中国工艺美术大师顾文霞规划指导,组织14名艺人经年余努力才完成这巨幅绣屏。早在1986年庆祝苏州建城2500周年之际,顾文霞曾组织绣过《姑苏繁华图》中的一段作为布馆陈列。1993年,一位香港收藏家在苏绣艺术博物馆参观时见到该幅局部绣品,惊为罕见,欣然定制该图全卷之苏绣作品。顾文霞对艺术追求一丝不苟,接受定制任务后,从画稿、勾绷、上绷、配线、针法,一一反复考虑,精心擘画,并特请文博专家为艺人上课讲画。先后采用套针、缠针、散套针、虚实针等十多种针法,五百多种色线,精心绣制出"自灵岩山起,由木渎镇东行,过横山,渡石湖,历上方山,从太湖北岸，介狮、何两山间，入姑苏郡城，自葑、盘、胥三门，出阊门外，转山塘桥，至虎丘山止"延绵数十里的繁华景象和人文景观。苏绣艺人以线代色，十分细腻地绣出了江南的湖光山色、田园村舍、阊胥城墙、古渡行舟、沿河市镇、流水人家、民俗风情、官衙商肆。绣面上计有不同桥梁五十余座，舟船排筏近四百只，市招两百三十多家，各式人物一万两千多个。巨幅绣屏规模宏大，气势壮阔，不仅完整地表现了原作中气势宏伟的古城苏州市井风貌，而且绣面平整，排针齐密，线光明丽，色泽淡雅，古色古香，具有苏绣精细雅洁的传统特色。由于刺绣的艺术再现，千针万线的色光效果，使巨幅绣屏具有比原绘画作品更美的艺术效果。

苏绣《姑苏繁华图》(局部)

巨幅绣屏《姑苏繁华图》之丝光线色竞胜画卷，精细而壮观，当时笔者亦为之感染，曾以五言俚句歌赞之：

姑苏繁华图，昔日滋生殿，盛世今又是，绣出更精神。高桥倚绿浪，水纹波粼粼；山塘隐虎丘，山远石痕痕；青树花带露，粉墙瓦比鳞；阊胥万年桥，城墙好齐新；四方聚百货，万户重千门；商贾如流水，舟楫似行云。彩线添光泽，金针化墨韵；疏处可走马，密则难插针；丝理顺自如，平齐见均匀；精细兮雅洁，巨幅兮堪珍。大师顾文霞，卓识指导勤；长卷传千古，苏绣艺绝伦。

(二) 发绣巨制《康熙南巡图》(局部)

历史上的发绣源于佛教盛行时的信女所为。以缕缕青丝为线，引针穿发，虔诚地绣制出数万字的佛经，寄托了终生的信念。发绣开创以来，除了绣佛经，也绣观音，大多是发绣尺余小品。大幅的观音人物，为数不多，也只是线描图像。苏州发绣在解放以后，虽有刺绣，也不多见。传世之作是 1991 年朱世英绣的《牧牛图》，采用张善孖、张大千画稿，张大千题诗云："柳丝澹荡草新柔，插罢秧田不系牛。谁识牧童闲适趣，临碕背坐弄春流。"点出画幅意旨。虽只高 58 厘米，宽 26 厘米，经发绣深深淡淡勾画成一幅江南田园风光，自是太平新气象，古朴典雅。

1995 年 5 月，苏州刺绣研究所绣成大型发绣《康熙南巡图》(局部)，这是根据清初著名山水画家王翚所作画稿绣制的。据称，王翚所作《康熙南巡图》原作正稿现为丹麦一收藏家所收藏。刺绣研究所于 1992 年从《紫禁城》杂志上看到此画的照片后，即去故宫博物院寻求而未获。后在南京博物院觅得此画第五卷苏州段初稿，遂进行摄影、放大等资料工作，然后又认真研究了刺绣的表现方法，认为以人发代丝线绣制不但易忠实于原作初稿的线描笔调，而且能提高绣品的艺术品位。于是决定以发绣技艺，按同比例复制王翚《康熙南巡图》中的苏州段。

发绣《牧牛图》

王翚是清初著名山水画家"四王"之一，所作《康熙南巡图》，是写康熙二十八年(1689)第二次南巡时的情景，王翚曾花3年心血，才画成这幅气势宏伟、绚丽壮观的纪实性画卷。其中苏州段画面长5.4米，宽

0.65米。如此巨制发绣实施前得认真规划,周密研究,经苏绣艺人发挥聪明才智,调集8名刺绣能手,采用4只绷架分段绣制,然后合绷拼成。以淡米色塔夫绸作为底料,选用妇女长发中黑、灰、黄、棕等自然色体的色泽,运用苏绣中的齐针、滚针、斜绕针、虚实针等十多种针法,实际刺绣花了整整一年的时间,从寻图设计到最终完工,共花了三年时间。真是千千万万青丝凝聚而成,艺术地再现了康熙当年南巡时的盛况,展示了苏州当时的街肆市尘、文物古迹、繁华经济、风俗民情。

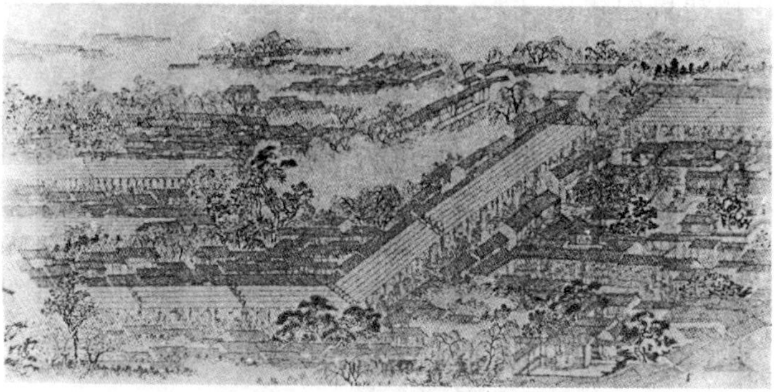

发绣《康熙南巡图》(局部)

绣面从山水平远景色开始,自无锡经浒墅关,沿运河至苏州阊门。运河绕城而过,城墙严整,沿途搭有迎君彩楼16座。运河码头上铺设地毯,康熙端坐在一艘篷船内,正欲弃舟登岸。来迎接他的地方官员士绅拥挤在码头两侧。城内街道纵横,密屋填巷,张灯结彩,一路彩棚串连枫桥、寒山寺、山塘、虎丘、阊门、皋桥、黄鹂坊桥、玄妙观、织造府,河内舟船百余艘,沿途缙绅士庶和白叟黄童,焚香结彩,擎浆献果，夹道跽迎，尽现沐恩爰戴之诚，呼嵩颂德之情。绣工精致，绣面雅洁。通过发绣形式，绣出了城楼、桥梁、船只、牌坊、轿马、人夫等物体的质感，其中各式人物大不盈寸，密密麻麻两千余人，火柴盒大小的房屋一千余间，还有亭台楼阁、花草树木点缀其间，一幅招牌上还醒目地标书“黄鹂坊桥”四字。

发绣巨制《康熙南巡图》(局部)在艺术上远胜王翚原作，为苏绣留下了发绣旷世之作。

(三) 书绣合璧《孙子兵法图》

辽宁曾绣有《红楼梦》。绣成的文字，犹如浮雕，古朴稚拙。马晨还在书中选取有戏剧性冲突的场景，创作设计了185幅插图，展示了三百多位用彩色丝光线绣成的红楼人物。据统计，用作书页的丝绸达420平方米，绣图用了一百多万根针，绣字用近2000万根针，所用丝线三十多种颜色，用仿古线装订成12册，每册红缎封面上书金黄色《红楼梦》书名，每册都装置在特制的红木箱内，古朴高雅。这套绣书还申请到专利保护，并由一家私营企业出资100万元买下其名誉拥有权。由此，这套《红楼梦》绣书成为独具特色的珍贵绣书。

1997年，苏州刺绣又添一新佳作，就是完成了特殊的书绣合璧艺术新品《孙子兵法图》。这是顾文霞亲自策划绣制的。苏州是孙子的第二故乡，是《孙子兵法》诞生地，将苏绣艺术和孙子兵法结合起来，是苏州刺绣的又一特色，而且长篇绣字在苏绣还未曾有过，绣出来会具有新的艺术效果。顾文霞为此特地到故宫博物院考察研究绣件的用料，回苏后决定选用玉黄色塔夫绸,古色古香,正与古籍相符。经苏州孙子兵法研究会推荐,决定选用《魏武帝注孙子兵法》版本,聘苏州书法协会名誉会长、时年83岁高龄的程可达用楷书以端庄秀雅、稳重挺拔的楷书风格,书成6097字的《孙子兵法》。为了便于今后保存和展览,特将手抄楷书原件缩为1/4大小。一切准备就绪,在顾文霞、余福臻指导下,同时开出31个绣绷进行刺绣。

《孙子兵法图》绣成后采用可折叠的经折式,折叠后形成绣册一本,长65厘米,宽36厘米,厚5厘米,共30折,打开后长11米。每页上均匀地绣着二百多个书法艺术的孙子兵法,在第2页上还有一幅根据明代石刻拓下的孙武全身像,脸部剑眉上扬,双目炯炯,既有文臣的儒雅,又不失武将的气魄。每页边上还配黄底棕色牡丹花图案的锦绫镶边,折叠成书,在《孙子兵法》中是一部独特的书,分外古朴高雅,成为一件珍贵的艺术品。在苏绣历史上,苏绣《孙子兵法图》将兵法、书法、石刻拓片画像、刺绣艺术集一体还是首次,成为苏绣中的传世珍品。

(四)《回归图》及其他

为庆贺1997年7月1日香港特别行政区成立,香港回归祖国,全国各地都积极准备最佳礼品去庆贺。江苏省委、省政府及有关专家也共同研究以什么样的礼品来表达江苏7000万人民喜迎香港回归的心愿。大家认为江苏的特产之一是工艺美术品,格调高雅,别具地方特色。经初步酝酿,提出了六个方案,如黑檀木雕《九龙船》、彩锦绣《香港的早晨》、雕漆大地屏《中华胜境》、紫檀雕《九州大团圆》等。

最终省领导一致认为以创作一幅刺绣作品为第一方案，因为苏绣在江苏工艺美术品中最为著称，苏绣的千针万线最能代表江苏千万人民的心愿。

为落实绣稿，省工艺品进出口集团股份有限公司调集创作技艺人员分四个创作组连夜进行创作设计，提供了12幅刺绣样稿。经审定，共同选出一幅以红日、长城、海水和归雁组成画面的样稿《万里归程》。当时的江苏省省委书记陈焕友看到这幅格调清雅、寓意贴切的画稿连声赞好，说："这样可以，气魄要大些，不要土气，不要小家子气，要代表江苏人民的气魄。"江苏省省长郑斯林提出了更为确切的意见："题目改为《归程》，比《万里归程》好。长城最好处理成春天的景色，因为春雁北归，春还有寓意在内；水面要有金光，不要太冷；大雁抬高一些，整个飞势向上，寓意会更好。"随后创意文字材料和图稿即送北京参加会审，获国务院正式通过，中央并提出在画面里加上紫金山，以反映江苏的特色和情意。

这幅《归程》的刺绣是由江苏苏州、丹阳、宝应、常州等地三十多位刺绣技艺人员共同完成的，这是市场经济下组织的一次江苏刺绣大合作，体现了江苏苏绣的代表性和民间性。作品由苏州已退休在家的62岁省工艺大师美术大师张玉英主持。在绣制组里，张玉英和绣工们一起动手刺绣，尤其是关键部分张玉英总是亲自动手，把握好每一处虚实搭配。粗处如旷野走马，细处如春蚕吐丝，使整幅绣面气势更加磅礴、壮观。据统计，在这幅3.08平方米的绣面上，走针逾200万针，用线色达210种。千针万线寄托了江苏人民的深情厚意。

整幅《归程》绣品画面宽 2.2 米，高 1.4 米。上部描绘出初升的太阳和长城春色，祖国春天的早晨，充满着希望，蒸蒸日上；下部刻画碧波香江水，一群奋飞的大雁振翅向上，香港回归的主题鲜明；中间是紫金山和多彩的云雾将大好河山融为一体，意境优美深长。透视清晰，色彩明艳，线条流畅，气势宏大。绣品的框架由苏州常熟的工艺美术家用鸡翅木精雕而成，立柱边缘是牡丹和紫荆的枝干；正面透雕象征国家、江苏和香港特别行政区的牡丹、梅花和紫荆花连体图案。整个框架宽 2.9 米，高 2.4 米，厚 0.8 米，雍容华贵，典雅大方。以苏绣为表现主体、红木雕刻为辅助手段的大型苏绣精品《归程》成为精美的艺术经典之作，载入香港回归的史册，也载入江苏苏绣的史册。

随着香港回归祖国，外交部驻港机构也需装饰布置。为了体现我国的优秀传统文化，有关部门决定采用四大名绣之一的苏绣作为该机构贵宾室内的陈设品。选用的画稿是由中央工艺美术学院教授袁运甫设计的《彩墨荷塘》，苏州刺绣研究所的吴曦、季绍平、黄南萍三位刺绣女青年被安排承担绣制工作。她们在任嘒闲、张美芳的技术指导下，采用虚实乱针绣和平绣中各种针法相结合的多种针法，既见粗犷笔墨，又有细致刻画，精心绣制成双面异色乱针绣《彩墨荷塘》，高 1.1 米，宽 2.3 米。原作以大胆老辣的中国传统泼墨和西洋绚丽浓艳的色彩，描绘了一幅生机盎然的荷塘景色，绣工使用了五百多种色线，真实地反映了原作的精髓，既强调了光色效果，又很好地处理了虚实搭配。绣面上粉红色、白色的荷花亭亭玉立，金黄色花蕊中几支嫩绿色的莲蓬清香远溢，碧绿的田田荷叶在深蓝底色的烘托下色彩交相渗透，枝干、细草、慈姑叶有的掩映在荷叶中，有的错落有致地呈现在荷叶丛间，富有生气地展示了仲夏荷塘的清丽之美。这还是至今最大的双面乱针绣作品。

双面绣《彩墨荷塘》

据《新华日报》报道：东台绣女赶制大型发绣《回归图》，记录香港屈辱史，绣出回归爱国情。说起东台发绣《回归图》，真是有因缘。原在苏州工作的戈壁曾搞过微雕，是位多才多艺的人才，后来到深圳去发展。江苏的东台市丝绸工艺品总厂厂长陈德中在1996年6月21日《人民日报》一篇专访中看到戈壁创作了一幅卷本式国画《回归图》的报道，当即萌发了对这幅具有历史凝重感、沧桑感和民族自豪感的力作以发绣进行再创作的想法，使之成为经世之作，以告慰前人，警示后辈。东台的发绣本是苏州在“文革”期间传去而成为东台的一项绝技。1996年7月1日挑针开绣，选用全国56个民族少女的不同发丝作了特殊工艺处理后进行刺绣，寓意香港回归是中华各族儿女的共同心愿。绣成后全卷长20.97米，宽0.63米，具有记录香港沧桑历史和香港回归的政治意义；同时在发绣史、苏绣史中也具有特殊的意义。

在2000年的11月，苏州刺绣厂又创作出苏绣史上绣面最大的绣品《香港维多利亚港夜景》。

苏绣《香港维多利亚港夜景》

最新最大幅的绒绣是上海所绣《香港维多利亚海湾夜景图》，宽8.3米，高3.6米，制作这幅超大型绒绣壁画共需用30公斤数千种颜色的进口澳毛绒线。发挥了绒绣色彩丰富的特点，对明暗、虚实和远近搭配都作了妥善处理。该巨幅绒绣于1997年迎香港回归之前被运送北京，陈设在人民大会堂香港厅的主会议厅。苏绣《香港维多利亚港夜景》长11米，宽6米，以摄影稿为蓝本，采用传统平绣为主，结合乱针绣技法，在中国工艺美术大师殷濂君、江苏省工艺美术名人陈明的指导下，由二十多位苏绣艺人集体绣制而成。据称，所用各色绣线即达75公斤。绣面上百余幢高楼大厦前后错落有致，气势恢宏；深蓝色的海水和五光十色的万家灯火相辉映，色彩艳丽。这幅绣面最大的艺术精品成为苏绣史上的又一里程碑。

五、鸳鸯绣出从君看

品种繁多的日用绣品同人民群众的日常生活紧密地结合在一起。正因为多而没有引起人们的注意,人们对它们熟视无睹了。其实日用绣品在历代文献中被提到的也不少,如:绣帽,《晋书·五行志》云“魏明帝著绣帽”;绣帐,卢升之《长安古意诗》云“生憎帐额绣孤鸾”;绣床,冯延已《南乡子》云“睡起杨花满绣床”;绣裀,戴复古《醉太平》云“芙蓉绣裀”;绣鞶,《元史·礼乐志》云“绣鞶执圭”;绣伞,梁辰鱼《浣纱纪》云“红罗绣伞”。可见刺绣在历代各类日用绣品上也都施过技艺,日用绣品也都是刺绣艺术的载体。

如果说,人们与刺绣艺术品可能还有距离,不太熟悉,那么日用绣品与人们天天相见,人在艺海中,熟视还要细睹,于日用品中获得工艺品的享受。

《苏州市大事记》记云:“1954 年 7 月 18 日,北京出国美术展览工作委员会委托市文联邀请本市刺绣能手,赶制一批刺绣品,其中有领袖像、复制古式的花鸟屏风、挂幅、靠垫等近百余件出国展览品。”“1955 年 1 月 12 日,本市一批苏绣运往法国巴黎展览,这批苏绣有软缎绣花方靠垫、被面、台毯等。”苏绣很早就以其独特的艺术价值和日用价值被选送出国参展,早就为各方所看重,早就在重大展览交往中,发挥着更大的作用。

日用绣品是随着使用者的需要和刺绣者的创新而日益

发展的。大体上可分三大类：服装、绣杂品、戏衣。各类日用绣品有一百多种品种，花式繁多，在国内外市场上也成为著名产品而广受欢迎。如苏州刺绣厂外销的金蜂牌各类绣品、苏州绣品厂外销的各类金凤牌绣品，都是出口免检产品，享有一定声誉。随着人民物质生活和文化生活的不断提高，刺绣日用品将成为社会流行的装饰用品，更加受到人们的喜爱。

苏州的日用绣品有以下几个特色：第一，选料讲究，大都以优质绸缎为底料进行绣制，色泽鲜艳，结实耐用。第二，图案秀丽别致，有山水、花鸟、龙凤等传统题材和最新的各式图案，刺绣形式多样，并有机绣适宜大批量生产。第三，色彩雅洁，根据不同颜色的底料、不同的图案结构和不同日用绣品的应用范围，配色雅洁，艳而不俗。第四，款式多样，缝制更显精巧，有的需要经过贴、滚、镶、嵌、扣等手工技巧，有的需经20道工序的操作才能完成，充分体现了精巧的中国传统手工艺。女红功夫至此得到充分的发挥。

由于日用绣品具有以上这些特色，伴有浓厚的生活气息，给人以装饰性的艺术趣味，王道昭有刺绣诗云："自描花样拣时新，淡淡疏疏几点春，一叶一花加意绣，为他出格写精神。"因此得到广大群众的喜爱。美观实用的苏绣日用品早已蜚声国内外，亦走入千家万户，既美化人民的生活，又给人们一定的艺术享受。

（一）锦上添花的服饰

以刺绣作为衣服上的装饰在我国由来已久。目前，这类刺绣服装在国内已不是很盛行，我们平时所看到的是服装上的电脑绣商标、图案，比如绣花衬衫、童装、童帽、拖鞋等，在少数民族地区还流行着衣服上多处加绣的习俗。现在每年生产的大量苏绣服装主要供出口外销。

绣花旗袍，本源于清代满族（旗人）特有的穿着，也有一段历史了。虽然清代服饰有定制，汉族人也要易装清服，但对民间女子有所放宽，可以依旧汉服。但由于旗袍对于女子来讲，穿着后别有情味，经过改进演变的各式旗袍竟成为妇女乐于穿着的时髦服装。虽然辛亥革命推翻了满清统治，但昔日的旗袍仍在民间得以流传，这是当初统治者强行“薙发易服”时所未曾想到的。

旗袍当初是满族中最有代表性的衣着，无论男女老少，春夏秋冬都适宜穿着。旗袍的样式和结构很简单，圆领、大襟、窄袖，四面开禊，有扣绊。后来随着社会的发展和生活的改变，旗袍也逐渐演变。原来四面开禊是便于上下坐骑，适应骑射的需要，入关后从四面变为两面或根本不开禊的了。下摆也由宽大变为收敛，即由斜线变成直线。袖口也经历了由窄变肥、由肥变瘦的过程。正因为旗袍越变越符合人们实际生活的需要，穿起来爽身合体，所以满族的服装只有旗袍至今还流传不衰，而且为广大女性所喜爱。

满族妇女的旗袍，很讲究装饰，每每在衣襟、领口、袖边等处，要镶嵌几道花绦或彩牙儿，以多镶为美。还时兴过大挽袖，袖长过手，在袖的下半截，彩绣以各种与袖面不同颜色的花纹，然后挽出来，以显其别致、美观。演变至今，女性穿的旗袍成为短袖或无袖的了，而且常是夏季才穿，因为这时正可衬托出轻盈秀美的自然体态，并显得端庄大方。

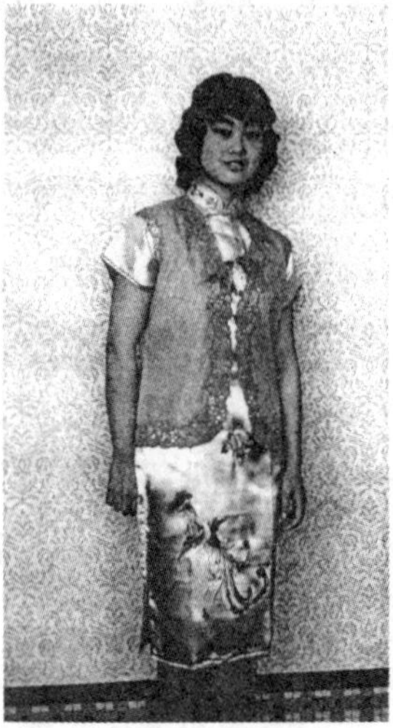

苏绣旗袍和雕花马夹

苏绣市披

电影《花样年华》之所以给人留下深刻印象，或许是其中多变的花样旗袍令人过目难忘。那秀丽典雅的刺绣图样，随着女子的动态，婀娜多姿，起伏摆动，才显出光彩，令人注目。苏绣旗袍具有苏绣传统特色。"凤穿牡丹"、"孔雀月季"、"松鹤梅花"、"龙凤呈祥"等图案的旗袍，更为国内外用户欢迎。在国际交流和涉外活动中，我国驻外使节夫人和涉外工作人员，常穿着旗袍接待嘉宾，旗袍竟成了我国民族服装的代表，成为时髦典型的东方服装。整件苏绣旗袍，色彩丰富，和谐文雅。现已成为外销中的名牌产品，海外侨胞都喜欢苏绣旗袍，就连外国女性中也有人好奇地穿上中国的旗袍，以领略东方风格的艺术美。

凤冠霞帔，是后妃、命妇礼服的配套装饰，盛行于明清，也流行于民间。民间女子一生中也有两次机会可以穿戴，一为生时出嫁，一为死后入殓，被称为“假借”，这是人生大礼中对服俗仅有的宽容度。霞帔，以其帔巾上色彩艳丽、灿若朝霞而获美名，这是由于刺绣装饰而成。霞帔是特殊用物平时不常用，但正因其有特殊用处，所以苏绣技艺在使其灿若朝霞方面起着重要作用。在戏剧舞台上常能看到洞房花烛夜，新娘凤冠霞帔的装束。这样灿烂的装束烘托了喜庆气氛，又使新娘平添几分艳丽，更为动人。平时可见的是云肩，云肩在明清时可作礼服、舞装。清初，叶梦珠在《阅世编》中描述过云肩：“大者裁白绫为云样，披及两肩，胸背刺绣花鸟，缀以金珠、宝石、钟铃，令行动有声。”至光绪末年，由于江南妇女低髻垂肩，为免油垢衣服，云肩的戴用更为普及。繁衍至今，国内已不见用。而今另有女子夏日骑车为防晒，制作披肩护两臂，也有绣花点缀的，随风飘扬，亦具当代风采。苏绣披肩现在主要为外销，则稍带欧风，略绣小花或图案，淡雅秀丽，披挂肩头，丰姿翩翩。现在吴县刺绣披肩主销西班牙，有“西班牙披肩”之称。

作为外销的苏绣花衣，是我国独有的传统产品。长的称市披，短的称马褂，是一种富有中国清代宫廷色彩的服装，在清末民初，便已销往海外，至今国内已无人再穿着，却真正流行到了海外。它是用优质的中国绸缎绣制而成的名贵服装，具有浓厚的东方色彩和鲜明的民族风格。花衣的特点是色彩仿古，纹样丰满，层次清晰，刺绣齐正匀薄，图案造型以团花为主，一圈花纹图案组成--团花。每件 6 个团花，四周散布 33 枝小花。真可称“花团锦簇，华丽绝伦”。

绣品的边花和外袖是有规律的刺绣花边，整幅上下左右，对称均衡，稳定大方，富有古老的民间图案特色。成合缝制的手工艺高超精湛，外形笔挺整洁。现在被国外作为名贵的节日礼服。宴会节日，如果一袭在身，无异锦上添花。在熙攘的宴会上，光彩照人，东方色彩强烈地吸引了宾客。

苏绣浴衣，是浴后穿着的服饰，为对外贸易中的大宗传统产品，每年畅销上百万件，也是苏州刺绣厂的名牌产品。苏绣浴衣穿着轻软凉爽，是浴后舒适美观的便装，如用软缎、人丝缎、大同绸、绢丝纺、花绉缎、人丝美丽绸、双绉等原料制作的浴衣，色彩鲜艳夺目，有的底料本身有闪闪发光的金面和各种提花，配上刺绣更是丰富多彩。绣制的图案有团花、散花，有花鸟、龙凤、风景等，有的绣在胸前，有的绣在后背，有的绣在袖口或领口，有的绣在口袋上，刺绣部位不同，图案变化无穷，绣有“康”、“寿”、“福”、“乐”等中文字样

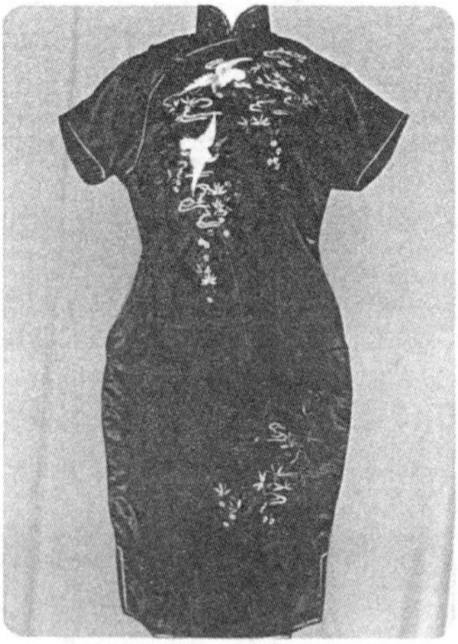

苏绣浴衣

的浴衣,侨胞们穿了倍感亲切,人们还特别喜欢穿有中国特色的龙、凤浴衣。浴衣缝制工艺的特点是整件浴衣要看不出缝纫面线,9尺长的领圈连门襟阔狭均匀,平服整齐。现在,苏绣浴衣已从一般内着便衣提高到家庭接待客人、日常均能穿着的衣服,越来越受人们的欢迎。据统计,仅1982年,向苏州刺绣厂订购金蜂牌浴衣的就有美国、加拿大、英国、法国、西德、荷兰、芬兰、瑞典、希腊、瑞士、丹麦、直布罗陀、澳大利亚、西印度群岛、香港、澳门等国家和地区,被订购的浴衣中,大同绸浴衣数量最多,独占鳌头。

在出口的苏绣服装中,还有睡衣套、晨衣,与浴衣合称为"三衣",刺绣的图案色彩和面料交相辉映,秀丽雅洁,中西结合,古今结合,新颖而又别致,都因苏绣的装饰而显出地方风格和艺术特色。苏州刺绣厂近年来又结合市场需求创制出风格新颖的苏绣时装。如平纹呢苏绣时装三件套,在上装的左下摆绣一枝白色丁香花,在长裙的右上角绣另一枝,斜向呼应,黑底白花,雍容文静;软缎机绣荷叶形女装两件套,上衣面料为荷绿色软缎,造型更是状如荷叶一大张,披垂身上,荷叶的叶脉以一根银线绣制而成,简洁流畅。1985年,苏州刺绣厂和香港理工学院纺织成衣系在香港丽晶大礼堂联合举办了苏州刺绣时装展览,轰动一时。香港《文汇报》评说:"以苏绣优美的艺术,如果能与日常服装结合起来,完全可以跻身世界第一流时装的地位,并且扮演重要角色,不让巴黎时装专美。"

现代服饰中以刺绣作为装饰,尤其能显示出新颖新潮。朱龙泉特地编著了《现代服饰图案》一书,1998年12月由苏

星纹绉机绣雕花马夹

软缎机绣荷叶形女时装两件套

苏绣时装绣衣

州古吴轩出版社出版。他在书中谈到由平面点缀到立体化的整体设计，设计者将通常放在前胸部的大块花型图案自然地向肩部和后身舒展，或袖身配以图案，或后腰点缀作为呼应，使整件套装充满生机活力、具有动感。在装饰制作过程中，巧妙地将色彩与图案以及针法有机结合，使其主体图案和各部位之间，既有丰富的层次变化，又有若隐若现、变幻无穷的随想空间，充满东方的情调。其女装饰品有以下工艺类图案：抽纱、拉丝、雕绣、刺绣、机绣、电脑绣、喷印、贴布、贴缎、贴绒，并配以百余种刺绣图案，供任意挑选。刺绣装饰服装正大有可为呢！

作为刺绣服装的戏衣，其刺绣装饰的功能更为特别，至今仍广泛使用。苏绣剧装戏衣在全国名列前茅，在苏绣类

苏绣真丝绣衣

别中属于一个大类，已在前文中详述。

（二）巧妙点缀的生活用品

在人们日常生活中，日用品工艺化，工艺品日用化，已成为社会发展、生活美好的一种表现和追求。在居家住室中，举目四望，会发现许多生活用品工艺化了，这便是经过了刺绣工艺的巧妙装点。诸如床上用品枕套、被面、帐沿、挂件，室内用品旧时的桌围、椅披，现在仍在用的窗帘、台布、沙发靠垫，新兴的电风扇套、电视机套等，生活用品经过刺绣点缀，生活便显得富丽起来，给人以美的享受，这是刺绣的艺术所致。

在生活用品中，在服装上还有刺绣的佩饰，更是巧妙地点缀了生活。

古代男子服装也有佩饰，佩饰悬挂在腰带上，时代不同称呼也不同，现今统称为杂佩件。从佩小刀、正衣冠的铜镜，避邪祈福的玉璧、玉环，到唐代上元元年（674）规定“文武官咸带七事”，即腰带上可悬挂七件东西，一般为用于盛装计算筹码的算袋、盛装饮食用小刀的刀袋、盛装磨小刀的砺石袋、盛装香料的香料袋、装针筒的针筒袋、装火石的火石袋等等。这些口袋都是刺绣精制而成。官员们聚在一起可以相互夸耀或赏玩那些随身携带的小物品。后来或是担心玩物丧志，或是防止官员们在这些小杂物上争奇斗富、竞相豪奢，朝廷在开元二年（714）禁止官员们腰佩七事了。但民间富庶人家仍有挂佩件的。明代以来腰悬佩件的现象又多了起来，自然与明代经济发展、生活富裕有关。到了清代嘉庆、道光年间（1769—1850），一般官僚文人的佩件中又多了腰圆形的眼镜盒袋、烟荷包袋。后来男子腰上常挂一大串,如钱荷包、香荷包、扇套、眼镜盒、表袋、烟袋、火镰、牙剔、耳挖筒、割肉吃的刀叉等,清代称之为“官样九件”。式样各不相同,但锦绣绛丝,都是精工制成。清代皇帝也喜欢这些刺绣小佩件,并常将此类绣件赏赐给下属,以表宠信。这些绣佩件因此成了人们夸耀的资本,一时间官样九件成了时髦物品。当时北京荷包巷出售的官样九件,压金刺锦,花样多变,有花卉、蝴蝶、佛手、八宝、如意等图案,刺绣在此装饰上大显风光。

苏州刺绣在这方面也毫不逊色。因为苏州经济繁荣,生活富裕,苏绣精细,所以有人要佩件,就有人绣佩件,历代绣制的佩饰成为高雅的实用欣赏品。在曹雪芹《红楼梦》中,就有去苏州采办几千件日用绣品,耗银好几万两的记载。邓云乡在文章中说:“中国艺术研究院拍《红楼梦》艺术研究资料片,又特地到苏州刺绣研究所专门拍摄刺绣工艺,乾隆时的各种藏品、荷包、扇套等等,都收入了镜头。这时还请了两位女师傅在西面假山畔一座亭子上支起绣床表演,拍摄种种针法。”虽然这是现代拍摄的资料,但确实反映了历史上苏绣日用品的情况,反映了清乾隆年间(1736—1795)苏州是全国刺绣日用品的基地。

1962年,刺绣研究所曾组织了孙佩兰、柳金燕等五人分两个组(一组到木渎、光福、东山、西山等地,另一组到黄棣、蠡墅、车坊、角直、唯亭、外跨塘),在苏州近郊及吴县的一些乡镇以及市文物商店,搜集历代苏绣散落民间收藏的实物资料,并访问苏绣收藏情况。20天时间竟搜集到清末民初刺绣实物如袖边、香袋、镜套、钱袋等杂绣品三十多种一千三百多件。这些尚且不包括市区闺阁绣的日用品，足见当年苏绣日用品之丰富和兴盛。

日用绣品更多地与人们的日常生活息息相关，举凡生育、喜庆、节庆、寿诞、丧事，无不因刺绣而显得有声有色，真是与人一生生死相伴。就说新婚喜庆，何处不是刺绣打点？哪里没有刺绣踪迹？新房里更是由刺绣装饰得花团锦簇，雍容华贵：新床周围挂有“麒麟送子”、“龙凤呈祥”、“五子登科”、“百子嬉戏”等图案的绣帐帏，营造出欢快的喜庆气氛，新床上并排的一对枕头绣着“鸳鸯戏水”、“永结同心”，铺陈着“彩蝶双飞”、“凤穿牡丹”的绣花锦被，为温柔之乡平添了几许色彩。华丽的丝绸加之精湛的刺绣，更给人以温馨的感觉，可人的情意。有了刺绣，生活才有光彩；有了刺绣，生活也才精彩。

苏绣民间日用品

即使是现代生活，有了刺绣，忙碌的日子会因此而生动，平凡的人生会因此而绚丽。

“鸳鸯绣出从君看”，绣有鸳鸯的一对枕套向为新婚夫妇宠爱之物。苏绣枕套是一种美观适用的家庭床上用品，又是一种富有艺术风格的装饰品。虽然只有小小的平面，花样却富于变化，图案式样有边花、对角、四角、大角配小角、中间一枝花等，任人构思布局。特别是采用特丽纶绣制的枕套、台毯，使绣、雕、镶、嵌、并等工艺结合在一起，组成许多新的图案题材，创始以来就迅猛发展。“上海一百”是国货精品的展示地，朱龙泉创制的特丽纶雕绣枕套在这里首次面市，顾客竟然挤坏了好几个玻璃柜台！看似普通的枕套也能引起这样的轰动效应，足见苏绣日用品的魅力。

苏绣被面也是苏州传统名牌产品。鲜艳柔和，秀丽文雅，反映了苏绣的传统特色。苏绣被面在质量上居全国第一流水平，上海、广州、天津、北京、武汉、沈阳、长春、昆明等大中城市常年有大量订货。在国外，苏绣被面亦深受欢迎，畅销日本、东南亚、欧美等二十多个国家和地区。外国人不仅将苏绣被面用于床上，还用来覆盖钢琴等物品，成为室内装饰品，显得华丽非凡。苏绣系列床上用品还进入了专供英国皇族购物的皇家精品商店。1991 年，经销这一商品的英国 DMC 公司派员送给苏州绣品厂一尊奖杯，杯上镌刻英文题词“质量特别过硬”。

靠垫，是苏绣高档出口日用品，适于室内沙发、靠背椅陈设使用。苏绣靠垫对外十分畅销。仅靠垫图案就有 250 种之多！常用软缎为底料，刺绣以花鸟、龙凤花纹为主，常采用圆形的团花来装饰,线条平齐、均匀,整幅图案结构完整、紧凑、对称,运用套针、戗针,绣工细腻。圆靠垫上的S裥,一道道裥整齐、匀称,内外两道裥朝相反方向组成"S"

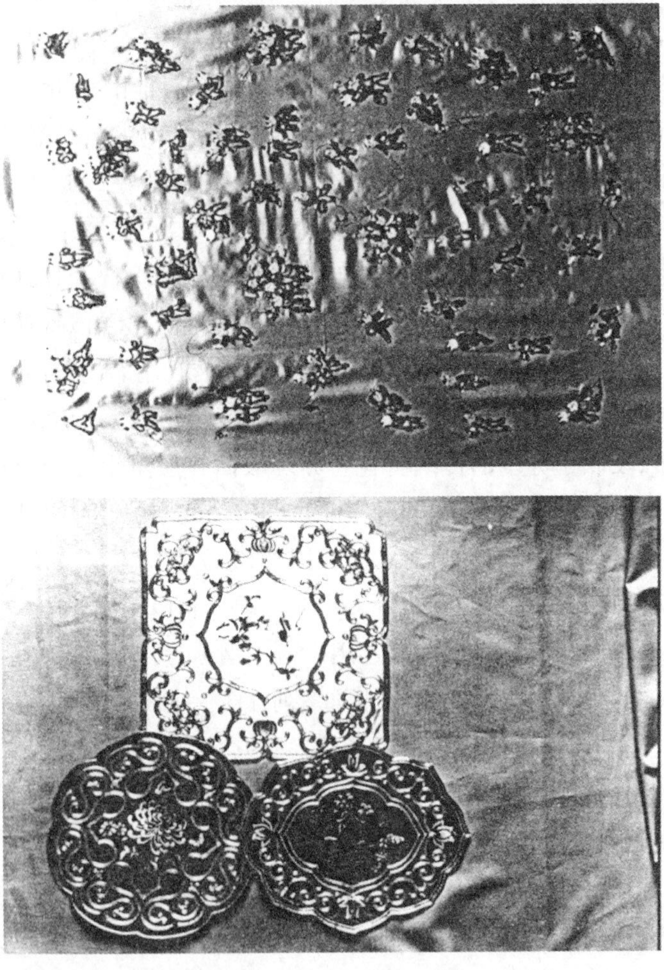

苏绣百子被面

形，精致美观，每只靠垫143只裥大小一致并和圆中心等距，复中裥保证绣品饱满圆整，为苏绣日用品中最繁复的成合工作。

苏绣靠垫

苏绣台毯也给我们的日常生活以点缀装饰，它适合各种生活环境，无论是陈设在餐室、卧室、休息室都十分相宜。在深色家具衬托下，台毯上的刺绣花纹犹如深潭中的朵朵白莲，愈显其皎洁、明丽；在浅淡的家具环境中也协调统一，细腻的花纹和素净的底料与家具光洁的形体适成对比，统一中又有了变化，增添了人们生活的情趣。刺绣台毯在花纹的组织上，主花突出在主要位置，又避开放置器皿的部位；小花组成的花环、花束、花弧或花带，则陪衬主花。在纹样中各种小散花、几何点点缀画面，犹如音乐中的轻音符，使纹样生动、活泼。朴实中求变化，素雅中求华丽。

目前，苏绣日用品已不仅是讲究题材吉祥讨俏，而是从整个室内的陈设装饰出发，追求色彩、图案等方面的协调效

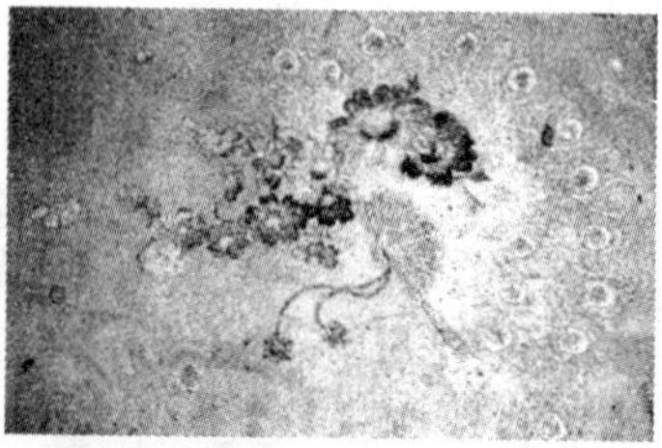

苏绣床上用品

果，与现代生活相辉映，体现了新的时代特色。

从事绣品设计的高级工艺美术师朱龙泉引用清代戏剧家李渔的话："才子所撰诗、赋、古文，与佳人所制锦绣花样，无不随时更变。变则新，不变则腐；变则活，不变则板。"他的创作设计就是依此而行的，苏绣业的发展也是如此。苏绣不但在艺术精品方面见长，在日用绣品方面也在全国领先。虽有其历史渊源的因素，更是其更变创新的成果。

随时可见、处处能见的苏绣日用品，显示了我们生活的丰富多彩。可以预见，随着两个文明建设的发展，必将促进生活的现代化。人们不仅需要丰富的物质生活，也需要多彩的艺术享受。

从苏绣的诞生到现在，无不证实了这一客观规律。而苏绣的处处可见，早已发展到整个江苏，江苏各地刺绣的发展使苏绣更为婀娜多姿、新品日增。

丰姿绰约遍江苏

苏州刺绣的发展,也带动了江苏刺绣业的发展,江苏成了全国最大的刺绣基地。这些似乎必须专门说一说。

早在1921年10月举办的“江苏第二次省地方物品展览会”上,美术品刺绣得奖的共有153名,江苏各地绣品得奖情况如下:吴县6名,常熟2名,无锡11名,武进1名,南通2名,江宁3名,丹阳2名,江阴2名,如皋2名,靖江2名,盐城2名,江浦1名,溧水1名,宿迁1名,太仓1名,泰县1名,灌云1名,共41名,绣制来自江苏17个县的作品,充分表明了当时刺绣在江苏各地的流行和成就。苏绣的发展推动了整个江苏刺绣的发展。发源于苏州地区的苏绣,遂遍衍江苏各地,许多地方也都成了苏绣生产的基地。苏绣已在江苏省各地开花。江苏这些良好的刺绣传统、刺绣基地、刺绣成就,也更衬托了苏绣。就这个意义上,苏绣早已是整个江苏刺绣的代称，苏绣是以苏州、吴县这两个苏州地区为集中代表的江苏刺绣。

泰山不让其壤，大海不择细流。作为我国四大名绣之首的苏绣，博采众长，汇成融融大观，而分支流派也随之形成，如众星拱月，与苏州刺绣相辅相成。

（一）常熟花边绣

常熟花边的绣制不用上绷，直接用手捏布即可绣制，俗称捏绣，这是区别于全国花边区的最大特点之一。

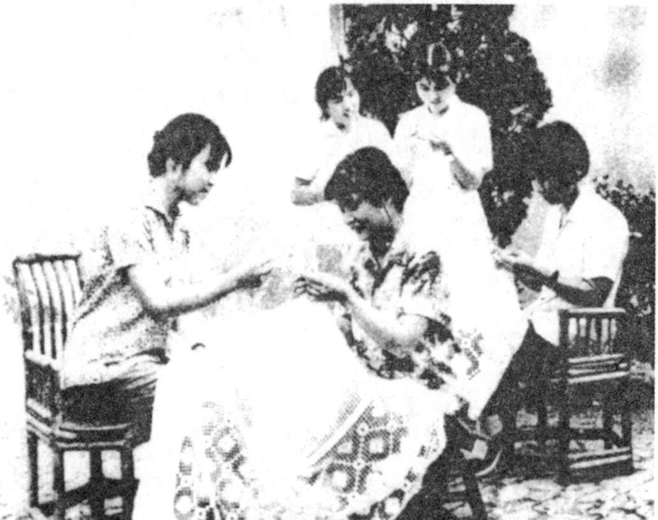

常熟手捏绣花边

花边工艺所以能在常熟兴起并发展至今，主要是常熟历来就有传统的民间刺绣基础。20世纪，上海徐家汇天主教堂向附近教民传播绣花边技术时，在上海工作的一些常熟手工艺者的家属也学了此项技艺，回乡再传授给附近的农妇。随着花边绣制人数的增加、地区的扩大，从浒浦白岩桥延伸到周市、师桥、碧溪、梅李、陆市等地，逐渐形成了常熟花边生产基地。据20世纪80年代统计，常熟全市所属33个公社，有15万农村妇女从事传统花边生产，出口花边台布、床罩、盘垫等110万套。常熟建有花边经理部，花边研究所所长陶凤英为高级工艺美术师，她和同事们先后研究出"曲带花边"、"勾针镶布"、"影针绣"台布等新产品，畅销意大利、美国、德国、日本等八十多个国家。

常熟花边生产工艺品大致可分为雕绣、影绣、贴花、手编品与绣花混合4大类。雕绣类：针法以扣针为主，花纹绣好后把需镂空的部位剪去即为雕。除扣雕外，还结合绣的技艺，如包针、游针、打籽、切针等针法，绣出各式各样的图案。影绣类：在有透明度的原料上绣制，采用影子（又名托地）结合包针、掺针、切针或贴花工艺，绣出的效果细腻雅致，隐约含蓄。贴花类：先用色布或薄纱按图案剪成各种形状贴在底料上，然后用扣针或珠宝针绣制，若在薄料上，则以扦针或缂丝针绣牢。手编品与绣花混合类：手编制品有万缕丝勾针、带子等。因万缕丝是用棉线在特定的牛皮纸上绣制而成，故俗称"纸头上花边"，绣工精美细巧。常熟产的万缕线，大多用于绣花产品上的点缀性镶嵌或圈子形镶边大套。

1985年，常熟全市有绣品生产企业16家，产品有绣花服装、枕套、床罩、台布、窗帘、围裙等数十种，当年生产各种绣品156万套。常熟花边以雕绣著称，1980年A字牌常熟

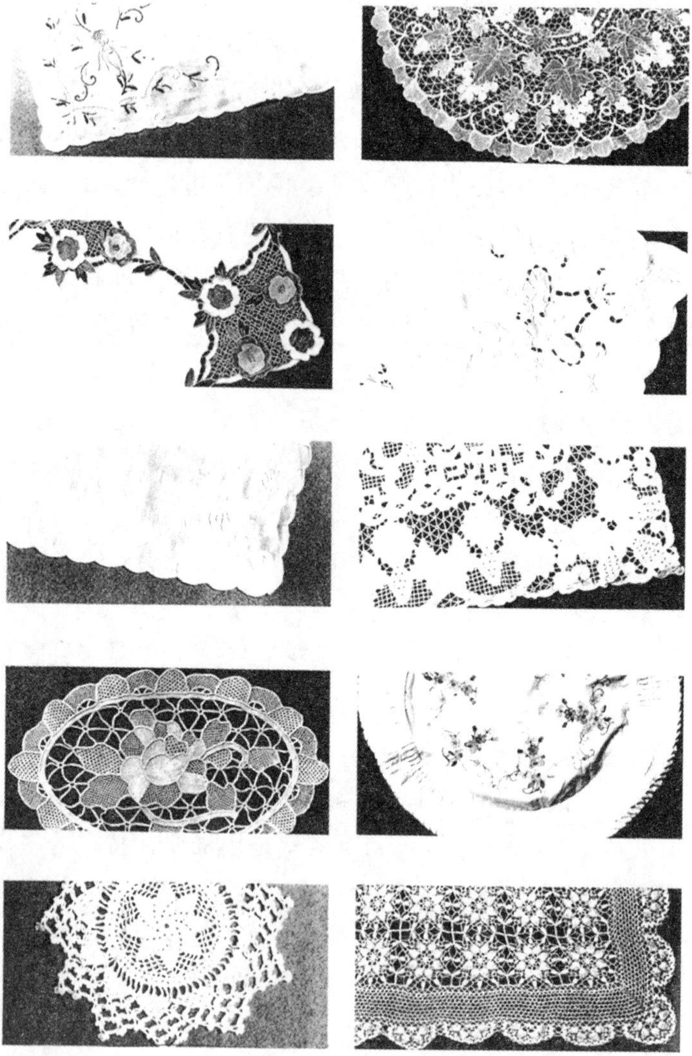

常熟各种花边

雕绣台布获国家质量奖金奖。

（二）无锡绒绣、精微绣

1907年，刺绣名手李佩黻在其丈夫华文川支持下，创办锡山绣工传习会，会员达102人。在南洋劝业会上，无锡绣品获金、银牌奖的有78人之多。

解放后无锡又兴起了机绣，后组成无锡市中华绣品厂，职工382人，年产机绣枕套5.8万对，其中出口2.1万对。1975年，厂外加工人数增加到2000人。绒线绣《寄畅园》集无锡寄畅园春、夏、秋、冬、晴、雨、风、雪8种景色，善于用多变的针法表现纷繁的画面，作品丝缕平顺，清新明媚，富有生气，绣面层次丰富，立体感强，有地方特色，成为无锡绒绣的代表作。

无锡工艺美术研究所则致力于精微绣的开发和创新。1981年，在张炜农倡导下成立攻关研制小组，先后绣出了微型双面绣《莲座观音图》和《寿星图》。1987年创作的《丝路花雨》精微绣被国家作为珍品收藏。在这件长40厘米、宽16厘米的绣面上，绣出一支有26个人物、21匹骆驼、4匹马、5头小毛驴和3条猎犬组成的丝路商旅。人物中有怀抱琵琶、手捧月琴、口衔长号的伎女乐工，有肩披褡袋的商贩富贾，还有手持哨鞭的向导、马夫。人物衣着绚丽，袂带飞扬，神态各异，绣技精湛，卷首还绣有194字的题款，记载丝绸之路的起源和历史功绩，文字笔画细若蝇鬣，图文并茂，堪称精微刺绣的珍品。

1989年开始，无锡工艺美术研究所画师金家翔仿《清明上河图》，用国画长卷的形式再现近代古运河无锡段繁华

无锡精微绣《神仙卷》(马鬃绣)

景象,因无锡又名梁溪,故定名《古运河梁溪风情图》。由该所刺绣室副主任赵红堉负责绣制的组织工作和技艺指导。1992年初,近10位刺绣艺人充分发挥发绣工艺和精微绣技艺,运用散点针、滚针、缠针、虚实针、套针、接针等多种针法,画绣结合,大量采用虚铺针法,使画面远近过渡自然,景物形象生动。历时两年才告完工。画卷顺古运河由北向南横贯锡城的走向构思,全长12.88米、宽0.325米。在此发绣长卷中,除了绣出各式场景,共绣各种房舍楼宇一千二百余间,大小桥梁二十多座,船只二百八十余艘,人物近千名。

南京艺术学院教授、博士生导师张道一在鉴定书中写道:“在规模上和艺术上可与宋代的《清明上河图》、清代的《姑苏繁华图》相媲美。更为可观的是它以传统的发绣技艺制作,运用秀发的不同色泽,精微密致而针工娴熟,充分显示了材美工巧的效果,达到了超绝的地步。在我国刺绣的历史上,千百年来虽有不少发绣作品传世,但多是刺绣佛画的小品,像《古运河梁溪风情图》之规模,可谓划时代的巨制。”苏绣大师顾文霞也对这幅长卷赞扬有加:“(长卷)采用多种针法与工艺手段,并与精微绣技艺相结合,充分显示了

无锡精微绣《古运河梁溪风情图》

高超的工艺技巧和材质美,使得整个绣面不仅色彩古雅、线条挺拔,而且人物景观细腻逼真,富有艺术美感。在我国刺绣史上,像《古运河梁溪风情图》这样由今人创作设计到精工绣制一气呵成的长幅巨制,是绝无仅有的。”

(三)常州乱针绣

常州是乱针绣创始人杨守玉的故乡。解放后,杨守玉回家乡常州继续从事刺绣艺术的研究,使常州乱针绣开始发展起来。

1960年,常州工艺美术研究所组建工艺队伍,聘杨守玉为该所艺术顾问,培训授课。1962年,乱针绣、长针机绣、绒绣、双面机绣、绣花被面、衬衫、枕套等产品参加全国工艺美术展览会展出,受到李先念、陈毅等国家领导人的赞赏。国务院副总理薄一波说:“乱针绣是艺术精品,既然教师还在,要培养更多的学生,要继承发展。”在杨守玉培养下的常州乱针法传人陈亚先已成长为中国工艺美术大师,所绣乱针绣《宋庆龄》、《幸福老人》、《华林秋色》、《少女》等代表作分别获省、全国工艺美术百花奖。乱针绣在常州得到了继承和发展。

1977年,许恂英(苏州人)受常州工艺美术研究所聘请任绒绣创业教师,常州同时也发展绒绣。许恂英年少时即喜习绒绣兼绘画,1964年自拟绣稿,革新绒绣针法,绣制成《咏梅》,1974年任上海工艺美术学校绒绣班教师。在常州,她培养了一批新的绒绣人员,同时不断钻研绣艺,创绣了全国第一幅双面绒绣桂林风景《书僮山》,以后又创新绒绣,绣制了双面三异绣《虎丘塔之春·灵岩山之秋》,被江苏省轻工业四新展览会评为一等奖。传统的常州民间刺绣，在解放后主要发展为机绣，并成立了常州绣品手帕厂，产品远销日本、美国、德国等二十多个国家和地区，丁楼辰制作的《可爱》枕套被评为省最佳产品、部优产品，由他设计的双喜牌四季系列特艺枕套获国家银杯奖。1985 年底，常州市区刺绣业有职工 2694 人，工业总产值 1467 万元，其中出口 452 万元，产品销售收入达 1431 万元。

（四）南通彩锦绣

民国三年（1914），张謇在南通创办女红传习所，聘著名刺绣艺术家沈寿在此主持教绣 8 年，桃李芬芳，刺绣日盛。沈寿之后，任南通女工传习所所长的沈立、宋金龄等坚持办学教绣，继承了沈寿的刺绣技艺，历届学员屡有成就。早年随沈寿学绣的南通金余施宗淑、施宗洁姐妹于 1925 年创作的双面绣《三猫图》构思精巧，技艺高超。第三期学员巫玉，18 岁即自绘自绣《芦苇翠鸟》，几十年手绣了许多作品，并培养了不少新的刺绣人才。陈锦，南通女红传习所第十四期学员，擅长刺绣动物和花鸟，她的技艺被人们誉为南通刺绣一绝，代表作有《芦雁》、《金丝猴》、《双虎》等。张元芳，女红传习所第八期毕业生，60 年代初先后试制了点彩绣《竹林溪鹅》、《维吾尔少女》，为南通彩锦绣的开创成功起了重要作用，是南通工艺美术研究所中老一代刺绣艺人中的革新家。

一幅《哪吒闹海》彩锦绣以优美的形象、鲜艳的色彩、新颖的形式和独特的风格，在国内外引起极大的轰动。在苏绣基础上发展起来的彩锦绣，是在点彩和纳锦两种针法结

双面彩锦绣《富贵吉祥》

合的基础上(故名彩锦绣)大胆革新创出的装饰艺术绣品。以著名画家张仃为首绘制的首都机场壁画画稿《哪吒闹海》,被南通刺绣艺人采用为彩锦绣的画稿,绣成高 1.17 米、宽 5 米的彩锦绣,曾送往法国展出。

1978 年全国工艺美术展览会上,南通《戴月归》被誉为展览会上的皇冠,中外多家报刊竞相刊载。该作品没有局限在美术作品的范围里,而是从工艺特点出发,寻求一种和彩锦绣相适应的艺术形式。人物、衣裙、道具的线条处理洗炼概括,省略了一切多余的衣褶线条,给针法以更大的施展天地;巧妙地运用各种针法与手段来表达和丰富设计者的意图,创绣出画稿作者所意料不到的艺术效果。如用粗细相

南通彩锦绣《戴月归》

同、排列紧密的横挑针绣斗笠，以捻线、网线、钉线的方法绣渔网，都取得了比画稿更好的艺术真实感，用传统的平金方法绣出的云彩有流动之感。绣品采取画绣结合、虚实结合、绣垫结合等手段，增加了作品的艺术感染力，是工艺和美术巧妙结合的作品，成为彩锦绣的代表作。

1984年,南通工艺美术研究所又完成了由张仃构思拟稿两年之久的彩锦绣巨制《长城万里图》。首都东郊长城饭店邀请张仃画壁画《长城万里图》,而张仃深知用南通彩锦绣来表现万里长城的壮丽景色最为适宜。这幅作品长19.5米,高3.5米,面积近70平方米,是我国最大的丝绸刺绣品,古朴典雅,气势磅礴,也成为壁画艺术宝库中的一件珍品。南通集中了一百多名刺绣艺人投入刺绣,先后耗时五千六百余工。采用新的技术处理,使得不同岩石结构的山,表现出不同的山的趋向结构,而蜿蜒于山峦之上的长城,则强调折光对比,在苍茫景色中显出银光闪烁,点出了主题,加强了艺术效果。彩锦绣的画面瑰丽多彩,粗犷大方,民间色彩浓郁,给人以寓巧于拙、画外有画的联想。

解放后,南通先后创办起服装工艺品厂和绣花加工厂,同时也发展了机绣。1988年,南通县绣衣厂以国家优质名牌真丝绣衣为龙头,联合苏、浙、闽等4省9县的26个单位,组建成全国同行业第一个跨地区、跨行业、跨所有制、工贸结合、产销一体的外向型经济实体——南通绣衣时装(集团)公司。1992年,南通有绣品、绣衣乡镇村办厂25家,职工4118人,产品有真丝绣衣、镶拼钩绣衣、亚麻绣衣、电脑绣花衬衫等20个门类五千多个品种,外销欧美、东南亚五十多个国家和地区,是年产值达1.8亿元。

(五)扬州仿古绣

清代扬州刺绣业最盛时,城乡绣工逾万人。所绣类别有服饰穿戴类、室内日用品类、衾具类、小件用品类、寺院佛像佛供类等日用绣品,并有闺阁绣绣出的"玲珑绣塔"等艺术精品。解放前夕，有专业绣户22家共24人，以绣为业者千人左右。

1959年组建扬州绣品厂，当时有职工108人，号称“108将”。她们结合扬州绣特点，创出了具有诗情画意的仿古绣和气韵生动的写意绣，使这对姐妹艺术绣成了扬州刺绣的新特色。

扬州仿古绣源于闺阁绣。扬州闺阁绣针法细腻多变化，色彩古朴秀雅，有清和闲适之感，最能体现扬绣的特色。仿古工笔画绣以宋元名作最为精良，代表作有《柳塘花坞》、《春深高树》、《春禽花木》、《雪麓早行图》、《栈道图》等。仿古山水绣层次分明，亭台楼阁及人物比例准确，棱角挺括，绣法讲究丝路，设色古雅，整体绣面厚重，富有立体感；花鸟绣设色典雅，古朴凝重，形态生动。写意画绣以“扬州八怪”画本为主，代表作有郑板桥的《兰竹》、金冬心的《梅花》、李鱓的《鱼》、黄慎的《人物》等，近现代名人作品的题材也精选入绣，如绣制徐悲鸿的《奔马》、李苦禅的《鱼鹰》、刘旦宅的《唐人击鞠图》、陈大羽的《迎春》、钱松嵒的《枣园曙光》等。其中《兰竹》、《奔马》及《鉴真像》绣件被选为国家礼品赠送；《鱼鹰》、《花鸟》册页

扬州仿古绣《桐荫夜月》

和《紫藤银鸡》、《风景这边独好》等绣件为轻工业部收藏。写意画绣品，采用毫针针法，体现笔墨传神，意在针先，以线代墨，熔画理与绣理于一炉，活而不乱，浓淡相宜，因丰富了原作的艺术感染力而呈现出独特之风格。

扬州仿古绣《柳塘花坞》

（六）东台发绣

说起东台发绣，还是苏州传过去的。苏州高伯瑜在苏州文联刺绣小组时曾挖掘历史资料，指导恢复了发绣。“文革”期间，他被下放到盐城地区。1972年，周恩来总理提出了对传统工艺美术恢复生产的要求，东台抓住这一有利时机，“三顾茅庐”请他出来组织当时苏州下放的朱世英等刺绣艺人进东台工艺美术厂，发掘和继承了苏州丝绣的优良传统，推陈出新，运用滚、旋、套和虚实等多种针法，以头发绣成了《鲁迅像》、《嫦娥奔月》、《文成公主》、《麻姑献寿》等一百多幅绣品，在广交会上成为外商争购的艺术品。发绣从此在东台生根、开花、结果了。东台发绣作品不但远销世界各国，而且也成为珍贵的绣品被有关部门珍藏。

在盐城新四军纪念馆中，就陈列着两大幅东台工艺美术厂绣制的彩色发绣作品，高约1.5米，宽约0.8米，一幅是《刘少奇》，刻画刘少奇当年在敌后坚持斗争的形象，并发绣刘少奇题词："为正义、为自由、为民族的与社会的解放而战斗到底。"另一幅是《陈毅》，陈毅身穿新四军灰色军服，背后为棕色松树，也是发绣题诗："十年争战几人回，又见同侪并马蹄。江淮河汉今谁属，红旗十月满天飞。"题词都是刘少奇、陈毅手迹。发绣人物形象英勇、简练，字如墨迹，远看以为是两幅人物画像，近前见了文字说明方知都是发绣而成。在纪念馆中别具特色，也成了馆藏珍品。

发绣的主要原料是人的头发，而人的头发质地硬、滑、脆，刺绣时容易裂断，各种奇色异彩的人发采购不易。专业人员要深入各地采购，从全国各地，包括少数民族地区收购来的几十吨、上百吨人发中精心挑选，选到长的1米许，偶遇奇色异彩的，2厘米、3厘米也如获至宝，视为上料。人发采购回来，还要经过一系列技艺处理，达到软化和增加光泽的效果，然后才能用来刺绣。在头发中，除了黑色和其他颜色外，各色中又要有深浅、浓淡、粗细之分，这样才能用于不同用途的刺绣，使发绣丰富多彩。在发绣过程中，除了极个别地方用染色头发外，其余都采用自然彩发。从过去的"双钩"发展为"晕色"，表现了"墨中有色，色中有墨"的艺术效果，给人以稳健、秀丽、雅洁、苍润的感觉。

发绣《枫桥夜泊》、《拙政园香洲图》

1997年6月，东台市工艺品总厂承绣的发绣《邓小平像》被运往香港，表达邓小平生前要到香港自己的土地上走一走、看一看的夙愿。绣品长75厘米，宽60厘米，绣像神态自然，色彩和谐，疏密得当。绣像所采用的材料事先都经过特殊处理，耐腐防蚀、不褪色，具有长期保存的价值和功能。此外，东台市丝绸工艺品厂也组织绣女发绣成《回归图》，长20.97米，宽0.63米，体现了东台发绣的技艺水平。

今天的苏绣，枝繁叶茂，遍布全省29个市、县。据不完全统计，1987年按工艺美术行业归口统计，全省各地有41个单位在专业从事苏绣的生产和研究。其中有研究所、绣品厂、剧装戏具厂、绣衣服装厂、绣花童装厂、工艺鞋厂、工艺美术厂等不同大小、不同类型、不同项目的刺绣生产单位，职工13744人，外发加工二十余万人，年产值2.5亿元，出口产值2亿元，税利1906万元。江苏的苏绣业已成为江苏省富有地方特色的一个工艺门类。苏绣业在解放后得到了全面发展。

诗人柯岩曾把苏绣比作诗——“我想写一首诗”，“我已经不再想写一首诗了，因为她们的生活、感情，连同她们淳朴的话语，不就是一首最美丽的诗么！”具有诗一般美妙韵律的苏绣艺术，已超出了它原有的涵义和地域，成为以苏州为中心而光耀整个江苏的一颗璀璨的艺术明珠。从明珠的光彩中，我们感受到了苏绣艺人的心灵手巧，更感受到了吴地的悠久历史和灿烂文明。

后　记

关于苏绣之研究，历来鲜见。针黹女红，在史籍笔记中偶有一二赞赏之词。1930年，邹竹崖先生有《刺绣源流述略》，为数千字短文；同年徐蔚南先生《顾绣考》，为一家族绣之言；1919年，沈寿《雪宧绣谱》及1965年李娥瑛《苏绣技法》，为苏绣绣技之技术性专著；1981年，笔者写《苏绣漫话》，亦仅数万字，略述苏绣史之大概，为世人简介苏绣之通俗读物而已。自此始，笔者便有心作深入研究。倏忽十数年，案头资料渐盈3尺，自谓可以矣。遂聚精会神，分门别类，逐章逐节，一一铺陈。暑往寒来，勉成书稿《苏绣史话》。

虽然时尚不同，苏绣并非热门话题，仅偏于一业专史；虽然工作繁忙，著书立说时断时续，难免会挂一漏万，但总算为华夏文明记下了一页本属璀璨的篇章，不负诸位工艺美术界前辈的期望，也不负苏绣行业几代刺绣艺人的希望。笔者将人生中最宝贵的年华献给